EXERCICES DU COURS

DE

MATHÉMATIQUES SPÉCIALES

PARIS. — IMPRIMERIE GAUTHIER-VILLARS ET Cⁱᵉ

08465   Quai des Grands-Augustins, 55.

EXERCICES DU COURS

DE

MATHÉMATIQUES SPÉCIALES

Par J. HAAG,

PROFESSEUR A LA FACULTÉ DES SCIENCES DE CLERMONT-FERRAND
EXAMINATEUR SUPPLÉANT D'ADMISSION A L'ÉCOLE POLYTECHNIQUE

TOME IV.

GÉOMÉTRIE DESCRIPTIVE ET TRIGONOMÉTRIE.

PARIS

GAUTHIER-VILLARS et Cie, ÉDITEURS

LIBRAIRES DU BUREAU DES LONGITUDES, DE L'ÉCOLE POLYTECHNIQUE

55, Quai des Grands-Augustins, 55

EXERCICES DU COURS

DE

MATHÉMATIQUES SPÉCIALES

GÉOMÉTRIE DESCRIPTIVE

CHAPITRE II [1].

POLYÈDRES, PRISMES ET PYRAMIDES.

EXERCICES RÉSOLUS.

Pour l'énoncé des épures, nous ferons choix des axes de coordonnées auxiliaires suivants. L'axe des x sera la ligne de terre; l'axe des y sera la droite de bout dont la projection horizontale coïncide avec un des axes de la feuille et se dirige en avant du plan vertical; enfin, l'axe des z sera la verticale ascendante.

Pour les exercices résolus, les données seront évaluées en millimètres, à l'échelle de la figure. Pour les exercices proposés, les données seront également évaluées en millimètres; mais elles correspondront à une épure exécutée sur une feuille ½ grand aigle. Si le lecteur veut exécuter lui-même, comme nous le lui conseillons, les épures des exercices résolus, il n'aura qu'à en tripler les dimensions.

1. ([2]) *Un cube a une diagonale verticale de longueur 70,5; le sommet le plus bas H de cette diagonale a pour coordonnées* (o, 47, o). *Une des arêtes AB, issue du sommet le plus haut A, a une projection*

([1]) Le Chapitre I du *Cours* ne comprenant que des généralités, il nous a paru inutile de lui faire correspondre un Chapitre d'*Exercices*.

([2]) Cette épure est difficile: on pourra la laisser de côté à une première lecture.

horizontale inclinée à 45° sur la ligne de terre, l'abscisse et l'éloignement du point B étant plus petits que l'abscisse et l'éloignement du point A.

Un octaèdre régulier admet pour faces deux triangles équilatéraux IJK, LMN. Le premier se trouve dans le plan horizontal et a pour centre H, le sommet K se trouvant en avant de ce point et le côté IJ étant parallèle à la ligne de terre. Le deuxième triangle se trouve dans le plan horizontal de cote 47.

Représenter la partie commune à ces deux solides (fig. 1).

Construction du cube. — Un calcul facile de Géométrie élémentaire montre que le sommet B se projette sur la diagonale verticale au $\frac{1}{4}$ de AH, à partir de A et qu'il se trouve à une distance de cette diagonale égale à $\dfrac{AH\sqrt{2}}{3}$, c'est-à-dire égale à $23.5 \times \sqrt{2}$. On en déduit immédiatement la projection horizontale ab, puis la projection verticale $a'b'$ de AB. Le cube admet sa diagonale comme *axe de symétrie ternaire*, c'est-à-dire qu'il se superpose à lui-même après une rotation de 120° ou de 240° autour de cette diagonale. On en conclut que les projections horizontales c, d, e, f, g des cinq sommets non encore construits forment avec b un hexagone régulier. En projection verticale, d' et f' ont même cote que b' et c', e', g' ont une cote moitié moindre.

Construction de l'octaèdre. — Un calcul facile de Géométrie élémentaire (¹) montre que la hauteur h comprise entre deux faces parallèles d'un octaèdre régulier est liée à son côté a par la relation

$$h = \frac{a\sqrt{2}}{\sqrt{3}}.$$

Ici, $h = 47$; donc $a = \dfrac{47\sqrt{3}}{\sqrt{2}}$. Le rayon ak du cercle circonscrit au triangle est donc égal à $23,5 \times \sqrt{2}$, c'est-à-dire égal à ab. Les triangles ijk et lmn sont donc inscrits dans le même cercle que l'hexagone $bcdefg$. Leur construction est, dès lors, immédiate. On en déduit ensuite les projections verticales $i'j'k'$ et $l'm'n'$. Il ne reste plus maintenant qu'à joindre les arètes NJ, NI, KM, KL, IM, JL.

Construction de l'intersection. — De même que le cube, l'octaèdre

---

(¹) Considérer le tétraèdre trirectangle ayant pour base l'une des faces et pour sommet le centre de l'octaèdre. Sa hauteur égale $\dfrac{h}{2}$ et aussi $\dfrac{a}{\sqrt{6}}$.

admet la verticale AH comme *axe de symétrie ternaire*; il en est
donc de même de l'intersection. Dès lors, il nous suffit de construire,
par exemple, les intersections de l'octaèdre avec les faces ABCD et
HCDE du cube; le reste s'en déduira par deux rotations de 120° et de 240°
autour de AH.

Écrivons le tableau rectangulaire qui donne les combinaisons des deux
faces ci-dessus avec les huit faces de l'octaèdre :

	LMN.	KIJ.	KLM.	KMI.	KJL.	NIM.	NLJ.	NJI.
ABCD......	(1,2)	–	(2,3)	(20,21)	–	(1,21)	–	–
HCDE......	–	–	(3,4)	(20,19)	(4.5)	–	–	–

Commençons par marquer du signe – toutes les combinaisons qui ne
donnent certainement rien dans l'intersection, parce que *les deux faces
combinées n'ont aucun point commun dans une au moins des deux
projections*. Nous avons aussi marqué du même signe la combinaison (HCDE, NIM), dont l'intersection est tout entière en dehors
des deux faces correspondantes, ainsi qu'on s'en assure aisément en
coupant, par exemple, par les plans horizontaux passant par C et par M.

Le plan LMN coupe la face ABCD suivant la diagonale BD. La
partie intérieure au triangle LMN est le segment (12, 1'2').

Le plan MIN coupe ABCD suivant une droite qui passe par le
point 1; on en a un second en coupant par le plan horizontal qui passe
par C: ce plan coupe ABCD suivant une parallèle à BD, projetée
horizontalement en cr; il coupe NIM suivant une parallèle à NM passant par le milieu de MI et projetée horizontalement en pr; le point r
est la projection horizontale du second point cherché. En joignant r1,
on obtient le segment (1,21) limité à mi et projeté verticalement en
(1',21').

L'intersection de ABCD avec KLM passe par le point 2; on en a un
second en coupant par le même plan horizontal que précédemment; on
obtient ainsi le point s situé sur cr et sur la droite qs joignant les
milieux de km et kl. En joignant 2s, on obtient le segment 23 limité à
cd et projeté verticalement en 2'3'.

L'intersection de ABCD avec KMI passe par le point 21 et par le
point u où 23 rencontre km. Elle donne le segment (20,21). (20',21').
L'intersection de HCDE avec KLM passe par le point 3 et par le
point t, intersection de ce et de sq (on a encore coupé par le plan
horizontal précédent). Cela donne le segment (3,4), (3',4').

L'intersection de HCDE avec KMI passe par le point 20 et par le
point r, intersection de ce et de pq. Elle donne le segment (20,19)
limité à HC.

Enfin, l'intersection de HCDE avec KJL passe par le point 4 et par le point *o*, obtenu en coupant par le plan horizontal de projection. D'où le segment 45 limité à HE.

Nous avons marqué, dans le tableau ci-dessus, tous les segments dont nous venons d'indiquer la construction.

En faisant les rotations de 120° et de 240°, nous en avons déduit 14 nouveaux segments; chaque nouveau point a reçu un numéro égal à l'ancien augmenté de 7 ou de 14.

Jonction des points. — Nous donnons ci-dessous le tableau de tous les points dans leur ordre de jonction, en indiquant, pour chacun d'eux. l'arête et la face auxquelles il appartient. Cela suffit pour se rendre compte que le numérotage est bien conforme à la règle du n° 14 :

1 (*mn, abcd*); 2 (*ml, abcd*); 3 (*mlk. cd*); 4 (*lk, hcde*); 5 (*klj, he*); 6 (*klj, ef*); 7 (*kl, adef*); 8 (*lm, adef*); 9 (*ln, adef*); 10 (*lnj, ef*); 11 (*jn. hefg*); 12 (*jni, hg*); 13 (*jni. gb*); 14 (*jn, afgb*); 15 (*nl, afgb*); 16 (*nm, afgb*); 17 (*nmi, gb*); 18 (*im, hgbc*); 19 (*imk, ac*); 20 (*imk, cd*); 21 (*im, abcd*).

Ponctuation. — Voici la liste des faces vues ([1]) :

En projection horizontale : *abcd, adef, afgb; lmn, nim, nlj. lmk.*

En projection verticale : *a'b'c'd', a'd'e'f', h'c'd'e'; k'j'l', k'i'm', k'l'm'.*

En se servant du tableau précédent, qui indique sur quelles faces se trouve chaque sommet de la ligne d'intersection et utilisant la règle *a* du cas III du n° 11, on obtient immédiatement le tableau des côtés vus :

En projection horizontale : 1, 2; 2. 3; 3, 4; 6, 7; 7. 8; 8, 9; 9, 10; 10, 11; 13. 14; 14, 15; 15, 16; 16, 17; 17, 18; 20. 21; 21. 1.

En projection verticale : 1', 2'; 2'. 3'; 3', 4'; 4', 5'; 5', 6'; 6', 7'; 7', 8'; 8', 9'; 9', 10'; 18', 19'; 19', 20'; 20', 21'; 21', 1'.

Voici enfin le tableau des arêtes ou portions d'arêtes qui doivent être conservées, les autres étant marquées en trait mixte :

h, 19; *h*, 5; *h*, 12; 3, 20; 10. 6; 17, 13; 2, 8; 9, 15; 16, 1; 14, 11; 21, 18; 7, 4.

---

[1] Il n'y a aucune difficulté à reconnaître successivement les différentes faces au point de vue de la visibilité. On peut aussi appliquer les théorèmes du n° 12. Pour le cube, en projection horizontale, par exemple, H est caché; donc, aussi toutes les faces issues de ce sommet (Théorème II); A est vu et ne fait pas partie du contour apparent; donc, les trois faces qui en sont issues sont vues (Théorème III).

Fig. 1.

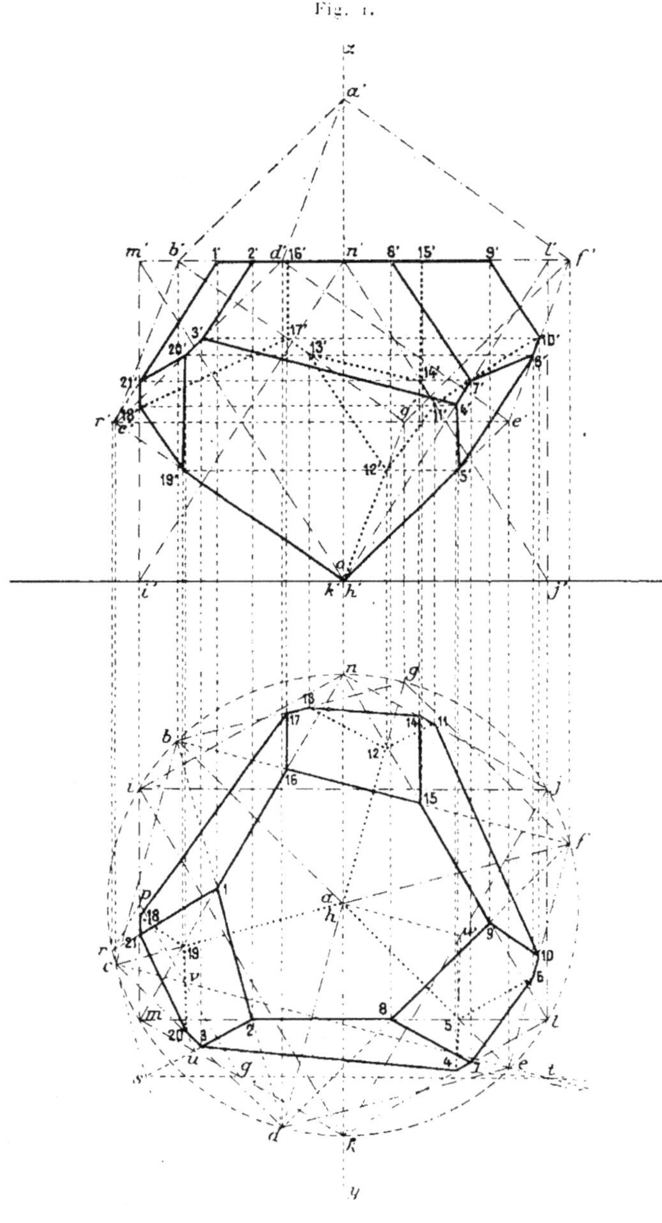

2. *Une pyramide a pour sommet le point* $S(-54, 0, 88)$ *et pour base, dans le plan horizontal, un carré* ABCD, *dont les sommets* A *et* B *les plus rapprochés de la ligne de terre ont pour coordonnées respectives* $(-10, 36, 0)$ *et* $(26, 30, 0)$. *Une deuxième pyramide a pour sommet le point* $S_1(0, 30, 44)$ *et pour base, dans le plan horizontal, un triangle* $A_1 B_1 C_1$ *défini par les coordonnées* $A_1(-54, 36, 0)$, $B_1(-24, 20, 0)$, $C_1(-34, 62, 0)$. *Représenter l'ensemble de ces deux solides* (*fig.* 2).

Construction de l'intersection. — Nous appliquons la méthode générale du n° 16. La ligne des sommets perce le plan horizontal au point (σ, σ'). Les traces horizontales des plans auxiliaires passent toutes par σ. Les traces des plans limites sont σb_1 et σc_1. Les plans auxiliaires utiles sont $b_1 ef$, akl, $a_1 gh$, $c_1 ij$. Ils donnent chacun deux points de l'intersection. Par exemple, le point 5 s'obtient en prenant l'intersection de sa et de $s_1 l$; il se rappelle en $5'$ sur $s'a'$.

Jonction des points. — Appliquons la méthode du n° 18. Partons du point 1, auquel correspondent, sur les bases, les points b_1 et e. Le sens de parcours sur $abcd$ est nécessairement celui de e vers a, parce que e se trouve sur un plan limite pour S_1. Sur l'autre base, prenons le sens indiqué par la flèche. Nous obtenons successivement les points 2, 3, 4, 5 et nous retombons sur le point 1; le polygone est fermé. Mais, il reste encore trois points. Partons de l'un d'eux 6, auquel correspondent, sur les bases, b_1 et f. Sur $abcd$, nous allons nécessairement vers c; sur l'autre base, marchons toujours dans le sens de la flèche. Nous obtenons les points 7, 8 et nous retombons sur 6. Tous les points sont maintenant épuisés. L'intersection se compose de deux polygones fermés; *il y a pénétration* (n° 19).

Ponctuation. — Voici la liste des faces vues :
En projection horizontale : SBC, SCD; $S_1 A_1 B_1$, $S_1 A_1 C_1$.
En projection verticale : SAD, SDC; $S_1 A_1 C_1$, $S_1 C_1 B_1$.
En projection horizontale, les points 1, 2, 3, 4, 5 sont tous cachés sur P; donc, le premier polygone est entièrement caché. Le côté 68 est caché sur P_1; les côtés 67 et 78 sont vus à la fois sur les deux pyramides; on les trace donc en trait plein.
En projection verticale, les côtés 12 et 51 et le triangle 678 sont cachés sur S. Le côté 23 est caché sur S_1. Enfin, 34 et 45 sont vus sur les deux solides, donc en trait plein.
Les portions d'arêtes à enlever sont 16, 48, 37 et 25.
En projection horizontale, signalons seulement que les portions

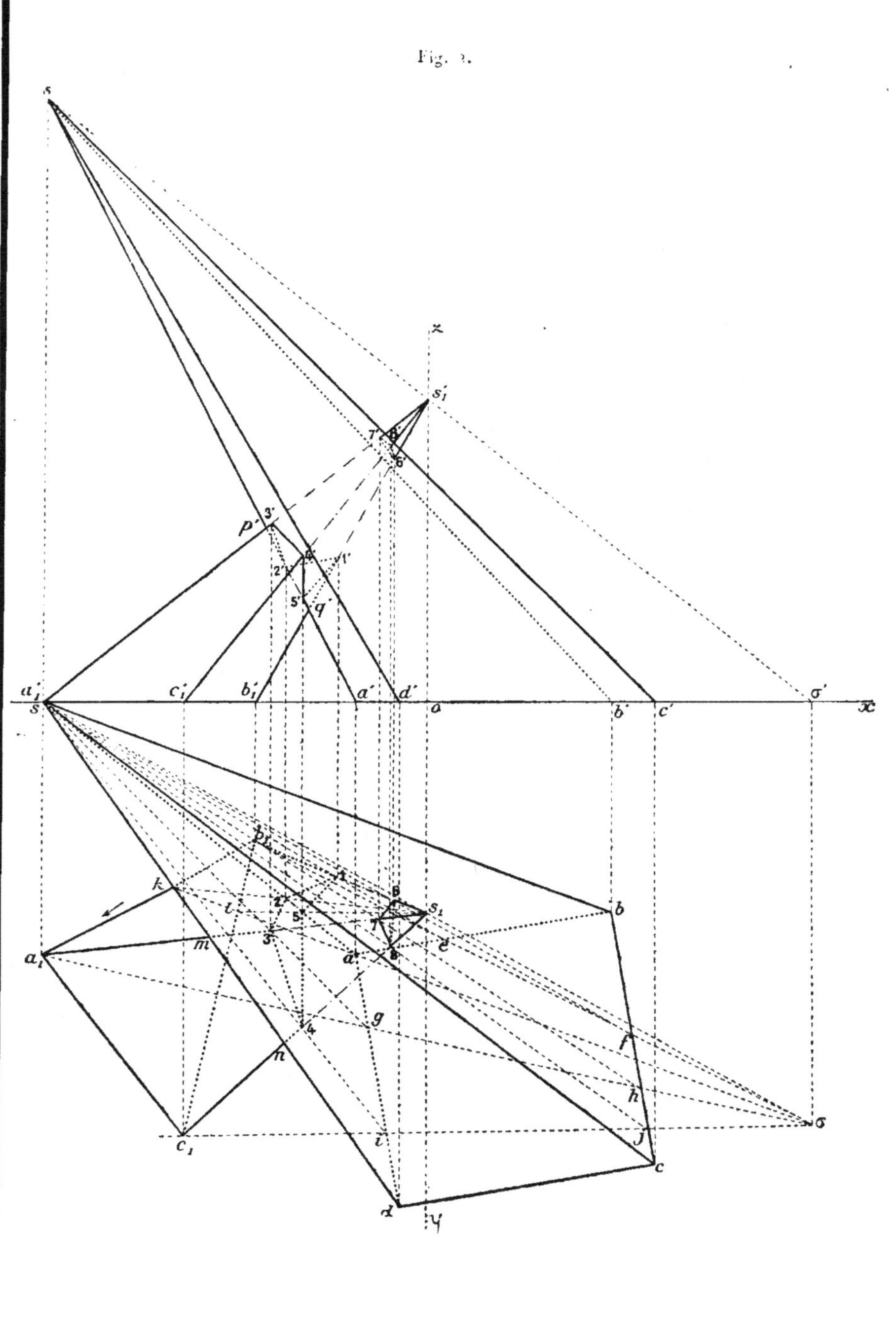

Fig. 2.

d'arêtes $3m$ et $4n$, bien que vues sur la pyramide P_1, à laquelle elles appartiennent, sont néanmoins cachées par la face SAD de P. Il en est de même pour la partie kb_1 de la base.

En projection verticale, on peut faire la même remarque pour $1'q'$, $2'p'$ et pour les portions d'arêtes de P_1 comprises entre $s'c'$ et les points $6'$, $7'$, $8'$.

3. *Un prisme P_1 a pour base, dans le plan horizontal, un triangle équilatéral $A_1 B_1 C_1$, dont les deux sommets les plus rapprochés de la ligne de terre ont pour coordonnées $B_1(40,4,0)$; $C_1(4,16,0)$. Ses génératrices sont de front et sont inclinées à 60° sur $O.x$, en montant de droite à gauche.*

Sur l'arête issue du sommet A_1, on prend le point E, dans le plan yOz. Par ce point, on mène une droite dont les deux projections font 45° avec la ligne de terre, en montant de gauche à droite pour la projection verticale et descendant pour la projection horizontale. Cette droite perce le plan vertical au point A. Ce point est le sommet d'un triangle ABC du plan vertical, dont les sommets B et C ont pour coordonnées $(-18,0,0)$ et $(-14,0,26)$. On considère un second prisme P, dont ABC est la base et AE une arête. On le limite par une section droite admettant E pour sommet.

Représenter ce prisme entaillé par P_1, ainsi que son ombre propre et son ombre portée sur le plan vertical, les rayons lumineux ayant leurs projections perpendiculaires aux projections de même nom des arêtes de P (fig. 3).

Construction de l'intersection. — Cherchons la direction des plans auxiliaires. A cet effet, menons par E les parallèles aux arêtes des deux prismes (n° 16). Ce sont les arêtes EA et EA_1. La seconde étant de front, les traces verticales des plans auxiliaires sont parallèles à $e'a'_1$. En menant $a'q$ parallèle à cette direction, puis joignant qa_1, on a les *traces du plan auxiliaire EAA_1, qui est limite à la fois pour les deux prismes.* On a un deuxième plan limite $c'jih$ et deux autres plans auxiliaires utiles : $b'lk$ et $c_1 mn'p'$. Ces trois plans donnent respectivement les points 3. 7; 6. 2; 5, 8.

Jonction des points. — Partons du point E, avec le numéro 1. Ce point est *à la rencontre de deux arêtes;* il est donc l'extrémité de quatre côtés différents du polygone d'intersection (n° 18) et nous pouvons faire notre départ de quatre manières différentes, en combinant les sens de parcours sur les deux polygones de base. Partons, par exemple, de A_1 vers B_1 et de A vers B; nous obtenons successivement les points 2, 3 et nous revenons au point 1. Continuons maintenant à parcourir ABC dans le même sens; mais, changeons de sens sur l'autre base; nous obtenons les points 5, 6. 7, 8 et nous revenons en E. Tous les points sont, à présent, numérotés. *L'intersection est constituée*

Fig. 3.

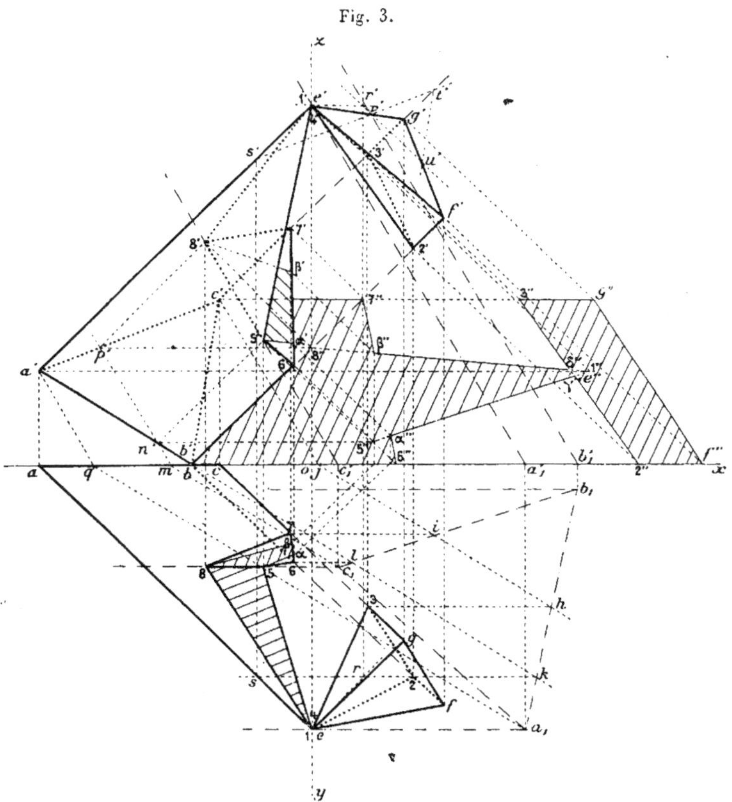

par le triangle 123 *et par le pentagone gauche* 45678, les sommets 1 et 4 étant confondus. On est dans le *cas intermédiaire entre la péné-tration et l'arrachement.*

Construction de la section droite. — Coupons par le plan de front *rs*; il coupe les faces EAC et GCB suivant les frontales projetées verticale-ment en *s't* et *t'u'*, parallèles à *a'c'* et *c'b'* et le plan de la section droite suivant la frontale dont la projection verticale *r's'u'* est perpendiculaire à $a'e'$ et passe par le point r' situé sur l'horizontale (er, $e'r'$). En joignant $e'c'$, on a la projection verticale de EG ; puis, en joignant $g'u'$, on a $g'f'$; enfin, il ne reste plus qu'à joindre $e'f'$. Des lignes de rappel donnent les projections horizontales f et g.

Ponctuation. — Voici la liste des faces vues :

En projection horizontale, ACEG, EFG.

En projection verticale, ABFE, EFG.

En projection horizontale, les côtés 78, 81, 13 sont vus comme appartenant à la face ACEG ; les côtés 45, 56, 67 sont vus comme contour apparent, bien qu'appartenant à des faces cachées (*cf*. n° 11, II, *c* ; la partie solide du prisme P qui cachait primitivement ces segments est enlevée par la suppression du prisme P_1).

En projection verticale, $1'2'$, $4'5'$ et $5'6'$ sont vus comme appartenant à ABFE ; $6'7'$ et une petite partie de $7'8'$ sont vus comme contour apparent.

Il faut enlever les portions d'arêtes 62 et 73. Des arêtes de P_1, on ne conserve que le segment 58, vu en projection horizontale et caché en projection verticale.

Ombres. — Les rayons lumineux et les arêtes de P sont parallèles au premier bissecteur ; il s'ensuit que tout plan de rayons lumineux s'appuyant sur une arête de P a une trace verticale parallèle à la ligne de terre ; on en a, d'autre part, un point, en prenant la trace de cette arête. On obtient donc immédiatement les *ombres portées par les trois faces sur le plan vertical*. (Les ombres portées sur le plan horizontal sont toutes en arrière du plan vertical et, par suite, ne sont pas vues.) Pour délimiter l'ombre portée par la face BCGF, par exemple, on mène $g'g''$ parallèle à la projection verticale des rayons lumineux et l'on prend son intersection avec $c'g''$ parallèle à la ligne de terre ; on obtient ainsi le point g''. On construit, de même, les points $3''$, $7''$, f'', $2''$, $6''$. L'ombre cherchée se compose des deux trapèzes $c'7''6''b'$ et $3''g''f''2''$. De même, les ombres portées par les parties non enlevées des faces BAEF et AEGC se composent du pentagone $b'a'1''5''6''b'$, du triangle $1''2''f''$, du pentagone $a'c'7''8''1''a'$ et du triangle $1''3''g''$. Il faut couvrir de hachures *toute aire intérieure à l'un au moins de ces polygones*.

Quant à *l'ombre propre du prisme*, elle comprend d'abord la base ABC et la face BCGF ; mais, toutes deux sont cachées dans les deux projections ; on ne les couvre pas de hachures. Il faut ensuite s'occuper de la *surface de l'entaille*, qui est constituée par certaines parties des faces de P_1.

Prenons le triangle 581. Son ombre portée $5''8''1''$ est tout entière dans l'ombre portée par les faces BAEF et CAEG. Comme ces faces sont éclairées, elles arrêtent certainement les rayons lumineux qui devraient rencontrer le triangle, lequel est, par suite, dans l'ombre. *Sa projection horizontale, qui est seule vue, doit donc être couverte de hachures.*

Prenons maintenant *le quadrilatère* 5678. Dans son ombre portée, nous avons les deux triangles 5″6″α″ et 7″8″β″ qui sont extérieurs aux ombres portées par les faces BAEF et ACGE. Les rayons lumineux qui les traversent ne sont donc pas arrêtés par ces faces et *les triangles* 56α *et* 78β *sont éclairés.* Au contraire, *le trapèze* 58βα *est dans l'ombre.*

Le triangle 1″γ″δ″ conduirait, de même, à une ombre portée sur le triangle 123; mais, comme ce triangle est caché dans les deux projections, cela ne présente aucun intérêt.

EXERCICES PROPOSÉS.

1. Un cube a une face dans le plan horizontal. Le centre C de cette face a pour coordonnées (0,100,0) et l'un des sommets (60,60,0). Un octaèdre régulier a une diagonale verticale, dont une extrémité est le point C précédent et l'autre a pour cote 140. La trace horizontale d'un des deux plans diagonaux passant par cette diagonale a pour coefficient angulaire $\frac{1}{2}$ par rapport aux axes xOy.

Représenter le cube entaillé par l'octaèdre, ainsi que son ombre propre et les ombres qu'il porte sur les deux plans de projection.

2. Un octaèdre régulier a une face dans le plan horizontal, dont le centre et un sommet ont pour coordonnées respectives (0,120,0) et (0,220,0). Un tétraèdre régulier a un sommet au centre de l'octaèdre; la hauteur issue de ce sommet est verticale et dirigée vers le haut; elle a 140 de longueur. Une des arêtes issues du même sommet se projette horizontalement suivant une droite de coefficient angulaire $\frac{3}{2}$.

Représenter le solide commun, avec son ombre propre.

3. Dans le plan horizontal, on donne le rectangle ABCD; les sommets A et B ont pour coordonnées respectives (— 100,75,0) et (100,5,0); le sommet C du côté BC a pour abscisse 140. Sur le grand axe de ce rectangle, on prend un segment *ef* ayant pour milieu le centre du rectangle et pour longueur 140; on considère, dans l'espace, le segment EF horizontal, projeté horizontalement en *ef* et de cote 100. Les triangles EAD, FBC, les trapèzes ABFE, DEFC et le rectangle ABCD limitent un solide S.

On donne ensuite les deux points G (— 20,100,40) et H (— 110,120,60) et l'on considère un cube admettant GH pour arête, le plan diagonal contenant cette arête étant supposé vertical et G étant le sommet le plus rapproché du plan horizontal.

Représenter l'ensemble des deux solides.

4. Un tétraèdre régulier ABCD a ses deux arêtes opposées AC et BD horizontales. Son centre G a pour coordonnées $(-90, 110, 150)$. L'arête la plus basse BD a une projection horizontale de coefficient angulaire $0,7$. Elle a pour longueur 170.

Dans le plan horizontal, un carré a pour centre le point $I(70, 110, 0)$ et pour sommet le point $E(30, 30, 0)$. Il sert de base à une pyramide dont le sommet se trouve sur la droite IG et a pour cote 200.

Représenter le solide commun.

5. Un triangle équilatéral du plan horizontal a pour centre le point $G(80, 140, 0)$ et pour sommet le point $A(80, 60, 0)$. Il est la base d'une pyramide dont le sommet a pour coordonnées $(-20, 40, 120)$.

Un hexagone régulier, de côté 60, se trouve également dans le plan horizontal et a pour centre le point $(-80, 140, 0)$. Une de ses diagonales a pour angle polaire $-45°$ par rapport à Ox. Cet hexagone sert de base à un prisme, dont les arêtes ont pour angle polaire $-30°$ en projection horizontale et $45°$ en projection verticale et qui est limité par la section droite dont le plan passe par le point de cote 150 pris sur la parallèle aux arêtes menée par le centre de l'hexagone.

Représenter l'ensemble des deux solides.

6. Deux poutres identiques ont pour section droite un carré de côté 120, dont on a enlevé, aux quatre angles, de petits triangles rectangles isocèles d'hypoténuse égale à 30. Ces deux poutres sont placées de manière que la perpendiculaire commune AB à leurs axes soit verticale, le pied A le moins élevé ayant pour coordonnées $(0, 120, 90)$. De plus, ces axes sont inclinés à $45°$ sur la ligne de terre. Enfin, $AB = 60$.

Représenter la poutre inférieure entaillée par l'autre.

7. Une cathédrale est constituée de la manière suivante :

1° Un parallélépipède rectangle P, dont la base ABCD a pour longueur 160 et pour largeur 60; le grand axe EF a pour azimut $125°$, le Nord étant dirigé suivant Ox et l'Est suivant Oy; le sommet A le plus à l'Ouest se trouve en O. La hauteur de P est 70.

2° Un prisme droit Q, à base triangulaire isocèle, dont la plus petite face a pour largeur 30 et repose sur la face supérieure de P, de telle manière que l'arête opposée se projette horizontalement en EF, sa cote étant, par ailleurs, 110.

3° Deux tours verticales identiques, ayant la forme de prismes droits, dont les bases sont des carrés ayant pour centres les sommets C et D le plus à l'Est et le plus au Sud et ayant leurs côtés parallèles à ceux du rectangle ABCD et de longueur 3o. La hauteur de chaque tour est 110.

4° Deux flèches de forme pyramidale, de hauteur 110 et admettant pour bases les bases supérieures des deux tours.

Représenter les deux projections de la cathédrale, ainsi que son ombre propre et son ombre portée sur le plan horizontal, en la supposant éclairée par le soleil, à midi, la hauteur de ce dernier au-dessus de l'horizon étant égale à 60°.

CHAPITRE III.

CÔNES ET CYLINDRES.

EXERCICES RÉSOLUS.

1. *Un cercle a pour centre le point* (o, o'). *Son plan est déterminé par l'horizontale* $(oh, o'h')$ *et la frontale* $(of, o'f')$. *On donne son rayon* R. *Un cône a pour base ce cercle et le point* (s, s') *pour sommet.*

1° *Construire son contour apparent horizontal.*

2° *Construire la projection horizontale d'un de ses points, connaissant sa projection verticale* m' (*fig.* 4).

1° Pour construire le contour apparent horizontal, nous appliquons la méthode générale du n° 23. Nous prenons la trace sur le plan de base de la verticale du sommet, en coupant par le plan de front auxiliaire sa : nous obtenons ainsi le point (σ, σ'). Il faut ensuite mener de ce point les tangentes au cercle de base. A cet effet, nous rabattons le plan de base autour de l'horizontale (h, h'). Le cercle se rabat, en vraie grandeur, suivant le cercle C_1. Le point (σ, σ') se rabat en σ_1, construit, suivant la règle classique, au moyen du triangle rectangle σbc. De σ_1, nous menons les tangentes $\sigma_1 d_1$ et $\sigma_1 e_1$ au cercle C_1. Nous relevons ces tangentes en σd et σe. (Pour la première, on a utilisé le point de rencontre g_1 avec le rabattement f_1 de f, lequel rabattement est parallèle à $a\sigma_1$. Pour la deuxième, on a utilisé le point de rencontre i avec la charnière.) En joignant sd et se, on a les projections horizontales des contours apparents demandés. Si l'on tient à avoir leurs projections verticales, il suffit de relever d en d' sur $\sigma'g'$ et e en e' sur $\sigma'i'$, puis de joindre $s'd'$ et $s'e'$.

2° Il s'agit de construire l'intersection du cône avec la droite de bout du point m'. A cet effet, nous coupons par le plan passant par cette droite de bout et par le sommet (s, s'). Ce plan coupe le plan de base suivant la droite projetée horizontalement en jk. Il faut prendre l'intersection de cette droite avec le cercle de base, ce-qui se fait par l'intermédiaire du rabattement jk_1, qui coupe C_1 aux deux points l_1, n_1, relevés en l et n. En joignant sl et sn, on obtient les projections hori-

Fig. 4.

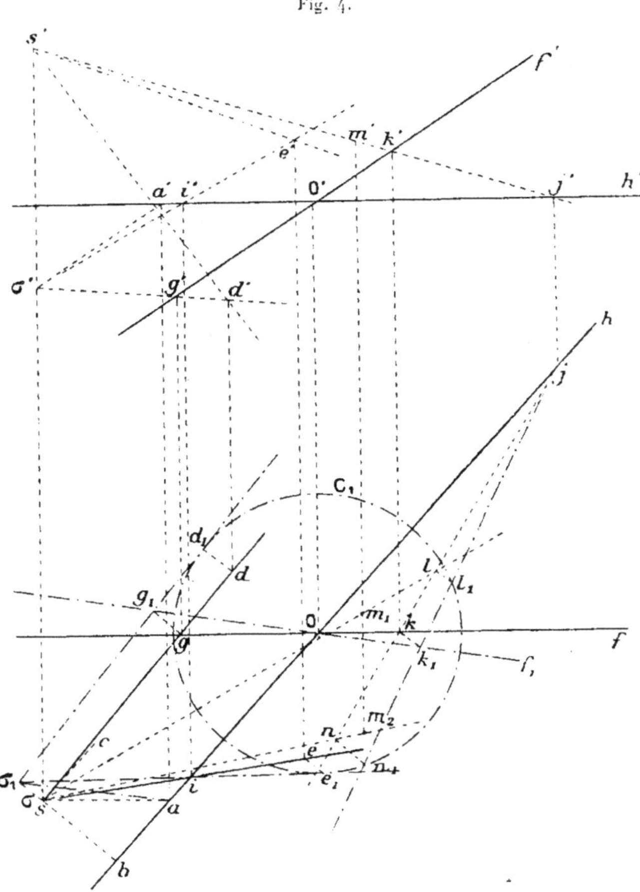

zontales des génératrices d'intersection du cône avec le plan de bout $s'm'$. La ligne de rappel du point m' coupe ces deux projections en m_1 et m_2, qui sont les projections horizontales des deux points du cône projetés verticalement en m'.

2. *Un cône a pour sommet le point* S(-8, 19, 68) *et pour base.*

dans le plan horizontal, un cercle de rayon 27 et de centre ω(o, 63, o). *Un disque circulaire opaque, de rayon 17, a pour centre le point* O(— 24, 72. 56). *Le tout est éclairé par des rayons lumineux à 45°. Représenter le système, avec ses ombres, ainsi que les ombres portées sur les plans de projection (fig. 5).*

Contours apparents du cône. — Le contour apparent horizontal est constitué par les génératrices *sa, sb* tangentes, en projection horizontale, au cercle de base (n° 23). Le contour apparent vertical est constitué par les génératrices $s'c'$, $s'd'$, qui aboutissent aux points (*c. c'*) et (*d, d'*) du cercle de base où la tangente est de bout.

Ombre propre du cône. — Par le sommet S, menons la parallèle ($s\sigma$, $s'\sigma'$) aux rayons lumineux et construisons sa trace horizontale σ. Par cette trace, menons les tangentes σe et σf au cercle de base. Les génératrices d'ombre propre aboutissent aux points de contact. La génératrice (sf, $s'f'$) est vue dans les deux projections; l'autre n'est vue dans aucune et n'a pas été tracée.

Ombres portées sur les plans de projection. — Les plans tangents au cône parallèles aux rayons lumineux sont déterminés par la droite ($s\sigma$, $s'\sigma'$) et par les tangentes σe et σf. Ces dernières délimitent l'ombre portée par le cône sur le plan horizontal; mais, elles doivent être arrêtées en ε et φ sur la ligne de terre. Bien entendu, on n'a couvert de hachures que la partie de cette ombre portée qui est extérieure au contour apparent horizontal du cône.

En joignant ε et φ à la trace verticale σ'_1 de $S\sigma$, on obtient les deux segments qui délimitent l'ombre portée sur le plan vertical.

L'ombre portée par le disque sur le plan horizontal est un cercle égal, ayant pour centre la trace horizontale p de la parallèle aux rayons lumineux menée par le point (*o, o'*). Une partie seulement de ce cercle, limitée par l'arc gh, est extérieure à l'ombre portée par le cône.

Le disque ne porte pas ombre sur le plan vertical.

Ombre portée par le disque sur le cône. — Cette ombre est délimitée par la courbe d'intersection du cône et du cylindre parallèle aux rayons lumineux ayant pour base le disque ou bien encore le cercle (p) du plan horizontal. Pour construire cette courbe, nous appliquons la méthode générale du n° 29. Les traces horizontales des plans auxiliaires passent par le point σ.

Avant d'aller plus loin, observons que les génératrices du cône qui aboutissent à l'arc ecf de la base doivent seules être prises en considé-

Fig. 5.

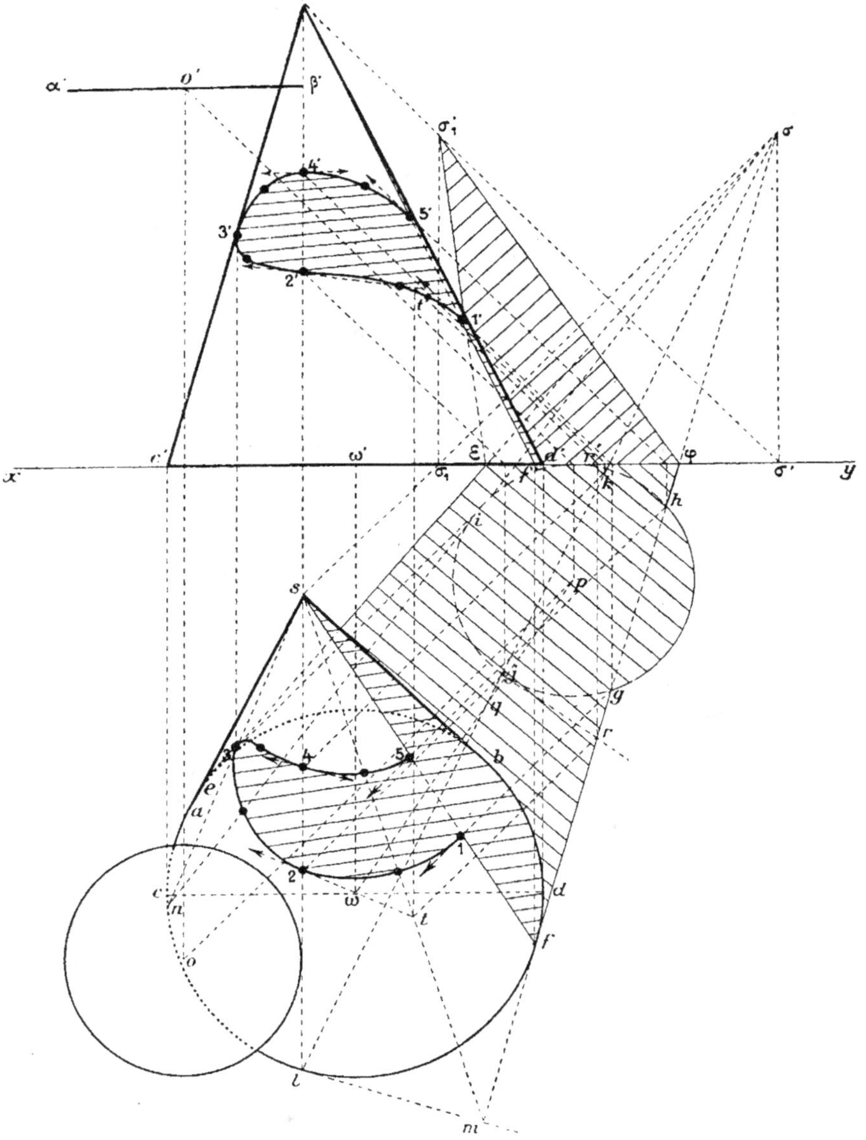

ration dans la construction de l'intersection; les autres sont. en effet, déjà dans l'ombre propre du cône et ne peuvent donner aucun point de la courbe limitant l'ombre portée par le disque.

Il y a deux plans limites : σhgf, limite pour le cône, et τin, limite pour le cylindre. Le premier donne les points $(1, 1')$ et $(5, 5')$, où la courbe est tangente aux génératrices du cylindre (n° 7). Le deuxième donne le point $(3. 3')$; la tangente en ce point est la génératrice du cône; elle est sensiblement confondue avec une génératrice de contour apparent vertical et l'on n'a pas tracé sa projection verticale.

Pour avoir des points dans les régions insuffisamment guidées de la courbe, on a coupé par le plan auxiliaire $\sigma kjql$, qui passe par le centre de similitude interne q des deux bases. Les génératrices du cône et du cylindre, aboutissant respectivement aux points homologues l et k, donnent le point $(4. 4')$, où la tangente est horizontale et parallèle à la tangente lm au cercle de base du cône. Le point $4'$ est le point le plus haut de la projection verticale (n° 32).

Le même plan auxiliaire nous donne le point $(2, 2')$. sur la génératrice du cylindre issue du point j. Ce point peut être considéré comme un point courant. La tangente $(2t. 2't')$ est obtenue par l'intersection des plans tangents, dont les traces horizontales sont les tangentes lm et jr aux bases. Ces traces ne se rencontrant pas dans les limites de l'épure, on a utilisé le plan auxiliaire σf, dont la trace horizontale rencontre les traces des plans tangents en m et r. En joignant sm, menant par r la parallèle aux génératrices du cylindre et prenant l'intersection de ces deux droites, on obtient un point t de la tangente cherchée, qui se rappelle en t', sur $r't'$.

Pour augmenter la précision du tracé, on a encore coupé par deux autres plans auxiliaires, qui ont donné les quatre points marqués sans numéro. Les constructions n'ont pas été reproduites, afin de ne pas embrouiller l'épure.

Pour opérer la jonction, on a suivi la marche indiquée au n° **31**. Partant des points f et g sur les deux bases et, par conséquent, du point 1 sur la courbe, on marche dans le sens des aiguilles d'une montre sur chaque base. On rencontre les points l, j, qui donnent le point $(2, 2')$, puis les points n, i, qui donnent $(3, 3')$. On est alors arrivé à un plan limite et l'on doit rebrousser chemin sur la base du cône; on rencontre les points l, k, qui donnent $(4, 4')$ et enfin les points f, h, qui donnent $(5, 5')$.

La ponctuation et le tracé des hachures ne donnent lieu à aucune difficulté.

3. *On donne deux cônes, ayant pour sommets respectifs* S *et* S₁ *et*

*pour bases des cercles du plan horizontal, de centres respectifs o et o_1.
Construire une de leurs normales communes (fig. 6).*

Appliquons la méthode du n° 24. Il faut d'abord mener aux deux
cônes des plans tangents parallèles. A cet effet, nous transportons le
cône S_1 parallèlement à lui-même, en amenant son sommet en S. Pour

Fig. 6.

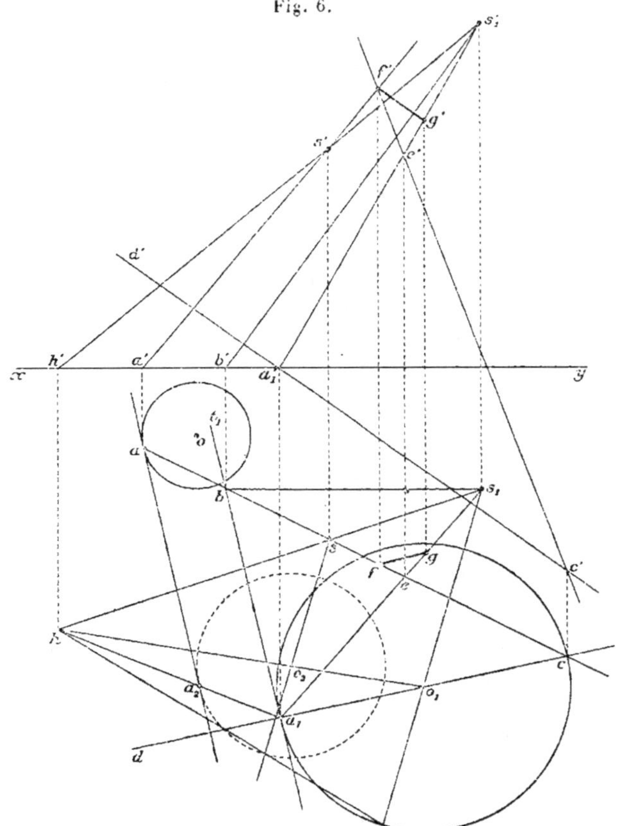

construire sa nouvelle base, nous remarquons que les deux positions du
cône peuvent être considérées comme homothétiques par rapport à la
trace horizontale h de la droite SS_1; d'où il résulte que la nouvelle base
est homothétique de l'ancienne par rapport à ce point, le rapport d'ho-

mothétie étant $\dfrac{hs}{hs_1}$. Le nouveau centre o_2 est à l'intersection de ho_1 et de la parallèle à $s_1 o_1$ menée par s. Pour avoir le nouveau rayon, on a construit l'homologue d'un des points de rencontre de $s_1 o_1$ avec l'ancienne base.

Le cercle o_2 étant tracé, menons une tangente commune aa_2 aux cercles o et o_2; puis, prenons l'homologue a_1 du point de contact a_2 et menons la tangente $a_1 t_1$ en ce point. Les plans $S a a_2$ et $S_1 a_1 t_1$ sont deux plans tangents parallèles. Il ne reste plus qu'à mener la perpendiculaire commune aux deux génératrices de contact Sa et $S_1 a_1$. La direction de cette perpendiculaire commune est d'ailleurs la perpendiculaire au plan tangent $S_1 a_1 t_1$, par exemple. Menons cette perpendiculaire par un point de $S_1 a_1$, par exemple par a_1. Sa projection horizontale est perpendiculaire à l'horizontale $a_1 t_1$; c'est le rayon $o_1 a_1 d$. Pour avoir la projection verticale, nous déterminons une frontale $(s_1 b, s'_1 b')$ du plan tangent et nous menons $a'_1 d'$ perpendiculaire à $s'_1 b'$. Nous prenons ensuite l'intersection du plan $S_1 A_1 D$ avec la génératrice SA, en coupant par le plan projetant horizontalement cette droite. Nous obtenons ainsi le point (f, f'), qui est le pied de la normale commune sur le cône S. Menant par ce point la parallèle à (d, d'), nous avons la normale elle-même et son point de rencontre (g, g') avec $(s_1 a_1, s'_1 a'_1)$ est le pied sur le deuxième cône.

4. *Un cône a pour base un cercle* (C) *dans le plan horizontal. Son sommet* S *a sa projection horizontale* s *sur ce cercle. On donne, d'autre part, une droite* (D, D') *et l'on demande de mener, par cette droite, un plan coupant le cône suivant une courbe projetée horizontalement suivant une hyperbole équilatère. Construire les deux projections de cette courbe, en limitant le cône à son sommet et à sa base* (*fig.* 7).

Si l'on mène, par le sommet S, un plan Q parallèle au plan P cherché, ce plan doit couper le cône suivant deux génératrices projetées horizontalement suivant deux droites rectangulaires, puisque ces deux droites sont les directions asymptotiques de la projection horizontale de la section par le plan P (n° 26). Pour avoir ces deux génératrices, on doit prendre l'intersection de la base avec la trace horizontale de Q et joindre les deux points obtenus b, e, au sommet S. Les deux droites sb et se doivent être rectangulaires; comme s est sur le cercle (C), la droite be doit être un diamètre de ce cercle. D'autre part, elle doit évidemment passer par la trace horizontale a de la parallèle à (D, D') menée par S. C'est donc la droite ac. Si nous menons maintenant la parallèle à cette droite par la trace horizontale f de (D, D'), nous obtenons la trace horizontale du plan P, qui est, dès lors, déterminé.

Fig. 7.

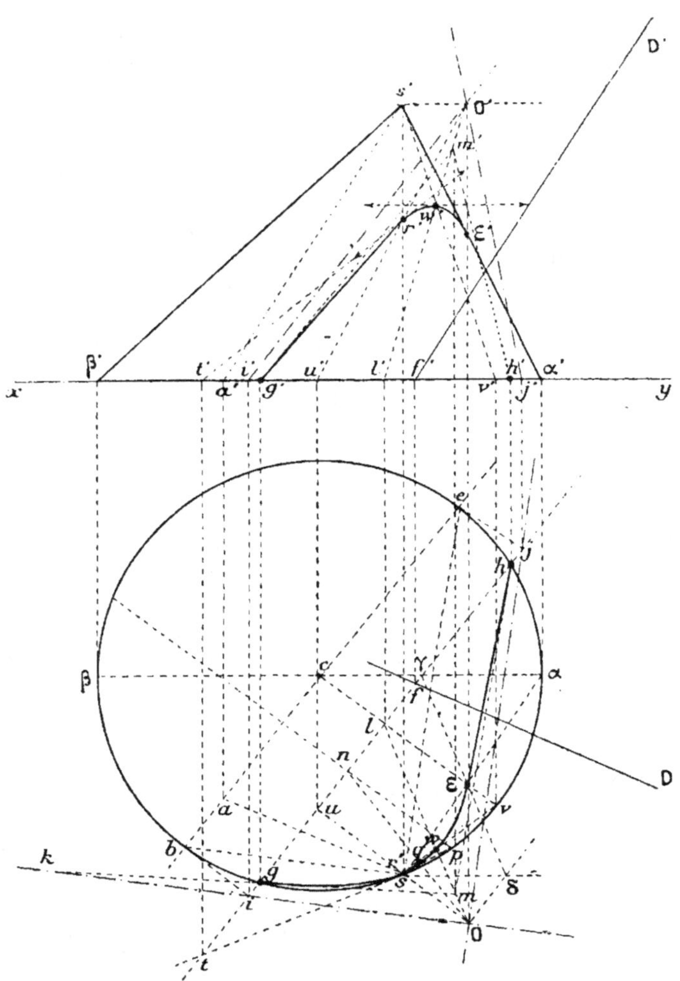

Il s'agit maintenant de construire la section du cône par ce plan. Commençons par chercher ses asymptotes. Ce sont les intersections du

plan P avec les plans tangents au cône le long des génératrices Sb, Se.
Les traces horizontales de ces plans tangents sont les tangentes en b et e
au cercle (C); elles rencontrent la trace horizontale de (P) aux deux
points i et j. En menant, par ces points, les parallèles io à bs et jo à es,
on a les asymptotes de la projection horizontale. Le point o en est le
centre. Remarquons, d'ailleurs, que le centre O de la section dans
l'espace se trouve sur le diamètre conjugué du plan Q. Or, ce diamètre
passe par le pôle de be par rapport au cercle (C) (t. II, n° 434). Mais,
ce pôle est à l'infini dans la direction perpendiculaire à be. Il suit de là
que le diamètre SO est une horizontale perpendiculaire à be. Il est aisé
de vérifier, par la Géométrie élémentaire, que so est effectivement perpendiculaire à be, en remarquant simplement que le triangle oij se déduit
du triangle sbe par la translation bi. Nous avons maintenant la projection
verticale o' du centre, en menant une ligne de rappel jusqu'à la parallèle
à la ligne de terre menée par s'. En joignant $o'i'$ et $o'j'$, on a les asymptotes de la projection verticale. (Comme vérification, elles doivent être
parallèles aux projections verticales des génératrices Sb, Se, projections
non construites sur la figure.)

Nous avons immédiatement deux points de la section en g, h, à la
rencontre du cercle (C) avec la trace horizontale de (P). Ces points se
rappellent en g', h', sur la ligne de terre. Nous avons construit la tangente en g, en utilisant les asymptotes ($cf.$ t. II, n° 541; $gk = go$). En
prenant l'intersection de cette tangente avec le diamètre ol conjugué de
gh, nous avons le pôle m de gh. En joignant mh, nous avons la tangente
en h. Le point m se rappelle verticalement, en m', sur $o'l'$; $m'g'$ et $m'h'$
sont les tangentes, en g' et h', à la projection verticale.

On a maintenant plus d'éléments qu'il n'en faut pour construire, par
points, les deux projections (n° 141). Indiquons toutefois la construction
de quelques autres points remarquables.

Cherchons le sommet de la projection horizontale. L'axe est la bissectrice de l'angle ioj. Il faut prendre l'intersection du cône avec la droite
du plan (P) projetée horizontalement suivant cette bissectrice. Cette
droite a pour trace horizontale le point n, situé sur ij; elle passe, d'autre
part, par le point (o, o'); cela suffit à la déterminer. Nous coupons
maintenant le cône par le plan contenant cette droite et le sommet S et
nous cherchons la trace horizontale de ce plan. Cette trace passe d'abord
par le point n; en outre, elle est parallèle à so, qui est une horizontale
du plan; nous pouvons donc la tracer. Elle rencontre le cercle en deux
points, dont un seul, p, donne une génératrice rencontrant on, en q, sur
la nappe intéressante du cône. Ce point q est le sommet de la branche
d'hyperbole que nous avons à construire.

Cherchons maintenant le point le plus haut de la projection verticale. Il se trouve d'abord sur le diamètre conjugué $o'l'$ des cordes horizontales. En outre, le plan tangent en ce point au cône doit avoir une trace horizontale parallèle à gh; comme cette trace doit être tangente au cercle, son point de contact doit être sur le diamètre cl perpendiculaire à gh; l'extrémité c de ce diamètre seule convient; elle se rappelle en c' sur xy. En joignant $s'c'$ et prenant son intersection avec $o'l'$, on a le point w' cherché. En projection horizontale, sc rencontre, de même, ol en w, où la tangente est parallèle à gh.

Le point s appartient évidemment à la projection horizontale de l'hyperbole, le point correspondant de l'espace étant l'intersection du plan (P) avec la génératrice verticale du cône. La projection verticale r' de ce point a été obtenue en coupant (P) par le plan vertical de trace so; l'intersection passe par le point (u, u'), qui est sa trace horizontale et par le point (o, o'). La droite $o'u'$ coupe ss' au point r'. La tangente en s est la tangente st au cercle, car le plan tangent au cône en R est vertical. En prenant son intersection t avec gh et rappelant, en t', sur xy, on a la tangente $t'r'$ en r'.

Cherchons enfin le point sur le contour apparent vertical. Coupons le plan (P) par le plan S$\alpha\beta$. La trace horizontale de l'intersection est le point γ où $\alpha\beta$ rencontre gh. En utilisant, de même, le plan horizontal auxiliaire $s'o'$, on obtient le point $\hat{o}$ ($s\hat{o}$ parallèle à $\alpha\beta$ et $o\hat{o}$ parallèle à gh). La droite $\gamma\hat{o}$ rencontre $s\alpha$ au point ε, qui se rappelle verticalement au point ε' cherché, sur $s'\alpha'$.

Les points et tangentes obtenus dans les deux projections suffisent amplement pour construire les deux branches d'hyperboles.

En projection horizontale, tout est vu. En projection verticale, le point h' est caché; il en est donc de même de l'arc $h'\varepsilon'$, l'arc $\varepsilon'g'$ étant, au contraire, vu.

3. *Un cylindre a pour base un cercle* (C) *dans le plan vertical. Construire une de ses sections droites et le représenter, en le limitant à cette section et à sa base* (*fig.* 8).

Prenons le point (o, o') sur l'axe du cylindre et menons, par ce point, un plan (P) perpendiculaire aux génératrices, au moyen de l'horizontale (h, h') et de la frontale (f, f'). C'est ce plan que nous prenons comme plan de section droite.

Le plan de bout passant par l'axe du cylindre est évidemment un plan de symétrie; il en résulte que son intersection avec le plan (P) est un axe de la section droite. Le deuxième axe est perpendiculaire au premier;

c'est donc la frontale (f, f'). Ces deux axes se projettent verticalement suivant les axes de la projection verticale de la section, car ils demeurent à la fois diamètres conjugués et rectangulaires. (On peut aussi remarquer que la droite $c'o'$ est un axe de symétrie de la projection verticale.)

Fig. 8.

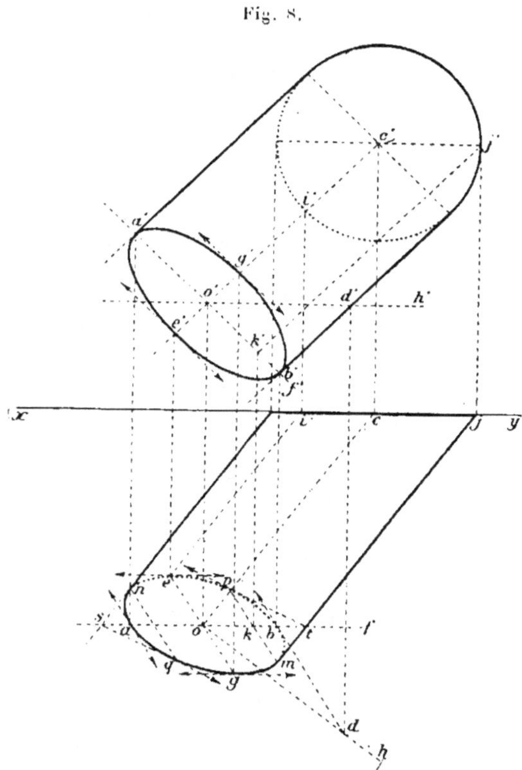

Les extrémités de l'axe de front ne sont autres que les points (a, a') et (b, b') situés sur le contour apparent vertical. La tangente en b à la projection horizontale est la projection horizontale bd de l'intersection du plan (P) avec le plan tangent de bout, de trace verticale $b'd'$.

Pour avoir les extrémités de l'autre axe, coupons par le plan de bout qui le contient. Dans le plan (P), nous obtenons une droite qui passe par O et qui est parallèle à la tangente $(bd, b'd')$. Elle rencontre, par exemple, la génératrice issue du point (i, i') au point (e, e'), qui est un des sommets cherchés; l'autre sommet (g, g') s'en déduit par symétrie.

En projection horizontale, ab et eg sont deux diamètres conjugués. On pourrait en déduire les axes par la construction classique (n° **142**). Mais, cela n'a pas d'utilité pratique.

Cherchons les points sur le contour apparent horizontal. On obtient le point m, en coupant par le plan projetant verticalement la génératrice issue du point (j, j'); l'intersection avec le plan (P) est une droite dont la projection horizontale km est parallèle à bd et rencontre la projection horizontale de la génératrice au point m. Par symétrie par rapport à o, on obtient n.

En portant $\overline{kp} = -\overline{km}$, on obtient un autre point de la projection horizontale, la tangente en ce point étant pt, puisque ok est diamètre conjugué de mk. De même, on déduit q de n, avec la tangente qs.

Nous avons maintenant assez de points et de tangentes pour tracer la projection horizontale. Quant à la projection verticale, elle a été tracée par le procédé de la bande de papier.

La ponctuation ne présente aucune difficulté; la demi-ellipse men est seule cachée, en projection horizontale; on le voit, par exemple, en coupant mentalement le cylindre par la verticale du point e; on trouve un point d'intersection au-dessus du point (e, e').

6. *Un cylindre* (C) *a pour base un cercle dans le plan vertical; ses génératrices sont horizontales. Un deuxième cylindre* (C₁) *a pour base un cercle dans le plan horizontal; ses génératrices sont de front. Représenter le second cylindre entaillé par le premier (fig.* 9).

Les plans auxiliaires sont parallèles aux génératrices des deux cylindres; leurs traces horizontales sont donc parallèles aux projections horizontales des génératrices de (C) et leurs traces verticales sont parallèles aux projections verticales des génératrices de (C₁).

Plans limites. — Il y a deux plans limites : $a'\alpha a_1 a_2$ et $b'\beta b_1 b_2$. Ils sont tous deux limites pour (C); on peut donc prévoir qu'il y aura pénétration de (C) dans (C₁). Les génératrices issues des points a' et a_1, par exemple, se rencontrent en un point projeté verticalement en 5′ et rappelé horizontalement en 5 sur la projection horizontale de la génératrice de (C₁). D'après le théorème des surfaces limites, la tangente en ce point est la génératrice de (C₁). On a de même les points (13, 13′), (1, 1′), (9, 9′).

Points sur les contours apparents. — Le contour apparent horizontal de (C) est constitué par les génératrices issues des points i' et h', où la tangente à la base est verticale. Les plans auxiliaires $i'\eta_1 g_1 g_2$ et $h'\varphi f_1 f_2$

donnent les points (6. 6′), (14, 14′) et (2, 2′), (10, 10′), obtenus chacun en projection horizontale, puis rappelés verticalement sur $i'\,h'$.

On construit, d'une manière analogue, au moyen des plans auxiliaires $d_1\,\partial e'd'$ et $e_1\,\varepsilon g'f'$, les points (7, 7′), (3, 3′) et (11, 11′), (15, 15′) du contour apparent horizontal de (C_1) et, au moyen des plans auxiliaires $j'\,\varphi\,h_1\,h_2$ et $k'\,\delta i_1\,i_2$, les points (4. 4′), (12, 12′) et (8, 8′), (16, 16′) du contour apparent vertical de (C). Quant aux génératrices de contour apparent vertical de (C_1), elles sont en dehors de l'intervalle des plans limites et ne rencontrent pas la courbe.

Considérons, par exemple, le point (15, 15′). Sa projection horizontale seule nous intéresse, en tant que point remarquable. Toutefois, nous avons construit sa projection verticale, afin d'avoir un point de plus dans cette projection. La tangente au point 15 est la génératrice $e_1\,15$ de contour apparent horizontal (n° 2). La tangente au point 15′ s'obtient en considérant ce point comme un point courant, c'est-à-dire en prenant l'intersection des plans tangents. Or, le plan tangent à (C_1) est de front; la tangente en 15′ est donc parallèle à la trace verticale du plan tangent à (C), c'est-à-dire à la tangente en g' à la base. On a, de même, construit les tangentes aux points 11′, 3′, 7′ et aux points 4, 12, 8, 16; mais, elles n'ont pas été reproduites sur la figure.

Jonction des points. — On a maintenant suffisamment de points pour tracer la courbe. Pour effectuer leur jonction, partons de b' et de b_1, c'est-à-dire du point (1, 1′). Parcourons, par exemple, la base de (C) dans le sens des aiguilles d'une montre et nécessairement aussi la base de (C_1), puisque le sens inverse nous est interdit par le plan limite. Nous rencontrons successivement les points 2, 3, 4, 5. Arrivés au point 5, nous sommes en a_1 sur la base de (C_1) et nous rencontrons un plan limite; il nous faut rebrousser chemin sur cette base, en continuant, au contraire, à parcourir (C) dans le même sens. Nous rencontrons alors les points 6, 7, 8 et revenons au point 1; nous venons d'obtenir une première courbe fermée. Mais, il nous reste encore des points.

Partons alors du point (9, 9′), c'est-à-dire de b' et de b_2. Tournons toujours dans le même sens sur (C) et nécessairement dans le sens inverse sur (C_1). Nous rencontrons 10, 11, 12. 13; puis, nous rebroussons chemin sur (C_1); nous rencontrons 14, 15, 16 et revenons au point 9, en fermant une deuxième courbe.

Nous avons maintenant épuisé tous les points et nous avons tracé l'intersection complète. On voit bien qu'*il y a pénétration*, ainsi que nous l'avions prévu.

Lignes des points doubles apparents. — L'épure montre qu'il y a deux

points doubles apparents dans chaque projection (n° 8). En projection
verticale, ils doivent se trouver sur la projection verticale de l'intersection des plan diamétraux conjugués des cordes de bout, c'est-à-dire des
plans contenant les contours apparents verticaux.

Pour le premier cylindre, nous avons le plan vertical $j'j$ 16 et, pour

Fig. 9.

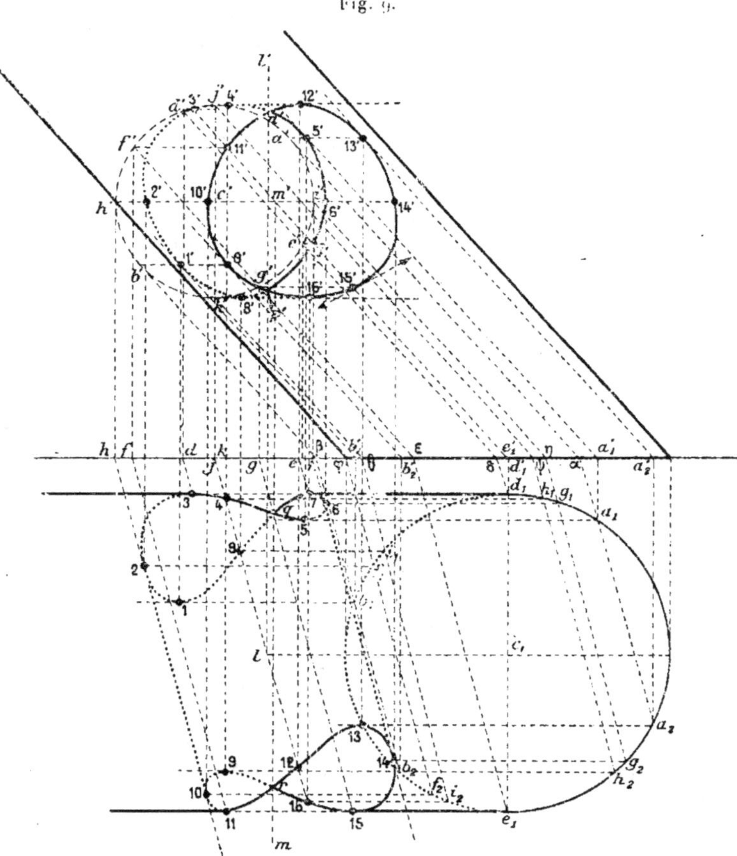

le second, nous avons le plan de front $c_i l$. Ces deux plans se coupent
suivant la verticale (l, l'). Les points doubles apparents n', p' se
trouvent sur l'. On construit, d'une manière analogue, la ligne des
points doubles en projection horizontale, qui est la droite de bout m.

Ponctuation. — Appliquons les règles du n° 11. II.

Nous commençons par ponctuer la courbe sur (C_1). En projection horizontale, le point 5, par exemple, est sur la génératrice vue $a_1 5$; donc, il est vu, ainsi que tout l'arc 3-4-5-6-7. L'arc 7-8-1-2-3 est, au contraire, caché. Toutefois, la portion $q7$ de cet arc redevient vue quand on enlève la portion de (C_1) intérieure à (C), car on supprime ainsi tous les points de (C_1) qui étaient situés au-dessus de $q7$. De même, l'arc 11-12-13-14-15 est vu et l'arc 15-16-9-10-11 est caché, sauf r 16-15, qui devient vu pour la même raison que $q7$.

En projection verticale, toute la boucle qui contient $9'$ est vue. L'autre boucle est, au contraire, cachée; toutefois, l'arc $n'5'p'$ devient vu quand on enlève (C).

Les segments 3-7 et 11-15 du contour apparent horizontal de (C_1) sont enlevés, comme intérieurs à (C). Les segments 2-10, 6-14 du contour apparent horizontal et $4'-12'$, $8'-16'$ du contour apparent vertical de (C) sont seuls conservés, comme intérieurs à (C_1) ; ils sont, bien entendu, cachés.

7. *Un cylindre C a pour base le cercle (O) du plan horizontal. Un cône, de sommet (s, s'), a pour base le cercle (O_1) du plan horizontal. Construire le solide commun (fig. 10).*

Par le sommet du cône, menons la parallèle aux génératrices du cylindre et prenons sa trace horizontale τ. Les traces horizontales des plans auxiliaires passent toutes par ce point.

Plans limites. — On obtient leurs traces en menant, du point τ, les tangentes aux deux bases. L'une de ces tangentes $\tau a a_1$ est commune aux deux cercles. Le plan correspondant est donc tangent à la fois aux deux cônes et le point $(1, 1')$ est un *point double* de l'intersection. Pour avoir les tangentes en ce point, on a appliqué la méthode du cône d'erreur (n° 6). Pour que la construction se fasse dans les limites de l'épure, on a cherché la base de ce cône dans le plan horizontal H'. Ce plan coupe le cylindre et le cône proposés suivant deux cercles, de centres respectifs (p, p') et (q, q'), sur les diamètres conjugués des plans horizontaux par rapport aux deux surfaces. La base du cône d'erreur est une conique passant par les quatre points de rencontre de ces deux cercles. C'est donc un cercle appartenant à leur faisceau et ayant, par conséquent, son centre sur la droite pq. Pour déterminer ce centre, il suffit de construire deux points du cercle. Or, on a mené le plan H' par un point $(5, 5')$ ultérieurement construit de l'intersection ; le point 5 est donc déjà un point du cercle. On en a construit un second, en joignant $(1, 1')$ à un autre

point (3, 3′) de l'intersection et en prenant la trace (*r*, *r*′) de la droite
obtenue sur H′. La perpendiculaire au milieu de 5 *r* coupe *pq* au centre *c*
cherché. La base du cône d'erreur est, dès lors, le cercle de centre *c* et

Fig. 10.

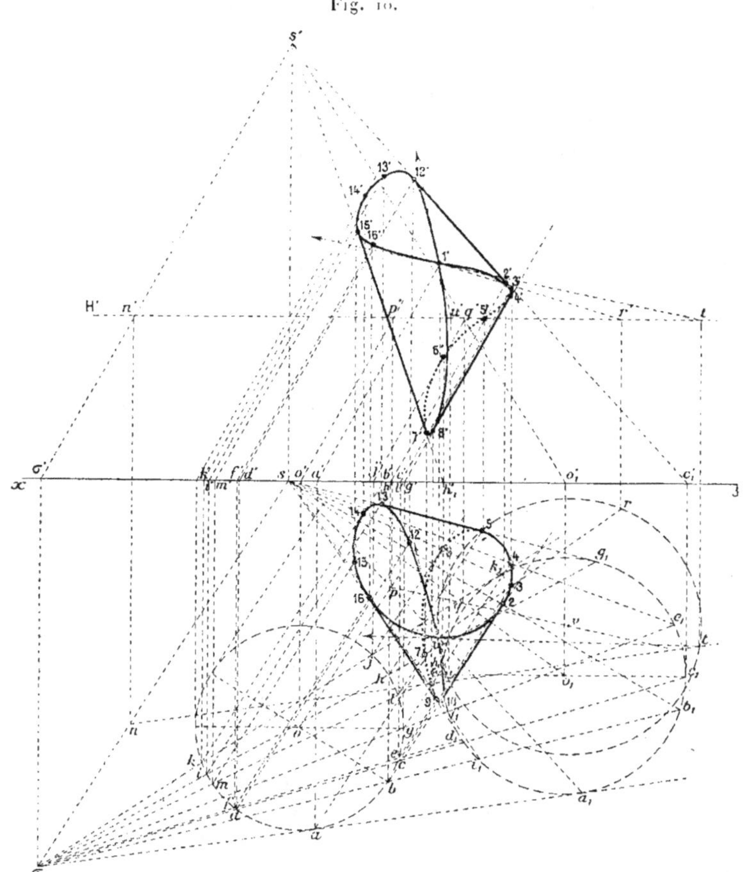

de rayon *cr*. D'autre part, le plan H′ coupe le plan tangent commun suivant la droite (*nut*, *n′u′t′*), qui rencontre le cercle précédent aux points
(*t*, *t*′) et (*u*, *u*′). Il ne reste plus qu'à joindre ces points au point (1, 1′)
pour avoir les tangentes au point double.

Le deuxième plan limite a pour trace horizontale σ*kjk₁*. Il est limite

pour le cône et donne les deux points (6, 6′) et (14, 14′); les tangentes en
ces points sont les génératrices ($j6, j′6′$) et ($k14, k′14′$) du cylindre, en
vertu du théorème des surfaces limites (n° 7).

Points sur les contours apparents. — Sur le contour apparent horizontal du cylindre, on a les points 2 et 10 fournis par le plan auxiliaire
$\sigma bi_1 b_1$. (On n'a rappelé verticalement que le point 2, en 2′, sur la projection verticale $b′2′$ de la génératrice du cylindre.) Sur le contour apparent horizontal du cône, on a les points 9, 16, 5, 13, fournis par les plans
auxiliaires σjed_1 et σihg_1 et qui ont tous été, sauf le point 9. rappelés
verticalement sur les génératrices du cylindre. Sur le contour apparent
vertical du cylindre, on a les points 8′ et 4′, fournis par le plan auxiliaire
$\sigma gf_1 e_1$ et dont on a construit d'abord les projections horizontales 8 et 4.
Enfin, sur le contour apparent vertical du cône, on a les points 3′. 12′,
7′, 15′, fournis par les plans auxiliaires σdcc_1 et σmlh_1 ([1]) ; on les a rappelés horizontalement sur les génératrices du cylindre.

Jonction des points. — Les points précédemment obtenus sont suffisamment nombreux pour qu'on puisse facilement en opérer la jonction.

Partons du point double (1, 1′). c'est-à-dire des points a et a_1 sur les
bases : et décrivons celles-ci dans le sens trigonométrique. Nous rencontrons successivement les points b et b_1, qui donnent (2, 2′), puis c et c_1,
qui donnent (3. 3′), puis g et e_1, qui donnent (4. 4′), puis h et g_1, qui
donnent (5, 5′). puis j et k_1, qui donnent (6. 6′). Nous sommes arrivés
dans un plan limite pour le cône et nous devons rebrousser chemin sur
la base du cylindre, tout en continuant à tourner dans le même sens sur
le cône. Nous rencontrons alors l et h_1, qui donnent (7, 7′). puis g et f_1,
qui donnent (8. 8′), puis e et d_1. qui donnent (9, 9′) ([2]), puis b et i_1, qui
donnent (10. 10′), puis a et a_1, qui nous ramènent au point double. avec
le n° 11. Nous pouvons continuer à tourner dans le même sens sur les
deux bases et nous rencontrons successivement d et c_1, qui nous donnent
(12, 12′), puis i et g_1, qui nous donnent (13, 13′). puis k et k_1, qui nous
donnent (14, 14′) ; nous rebroussons chemin sur le cylindre seulement et
rencontrons m et h_1, qui nous donnent (15, 15′). puis f et d_1, qui donnent
(16. 16′) et enfin a et a_1. qui nous ramènent au point de départ, avec le
même sens de parcours sur les deux bases. Nous avons maintenant rencontré tous les points et terminé leur jonction.

Ponctuation. — Appliquons les règles du n° 11, III. En projection

---

([1]) Les lignes de rappel des points e et l sont pratiquement confondues.

([2]) Les points 9′ et 10′ n'ont pas été marqués sur la figure. qui eût été trop
confuse.

horizontale, l'arc 5-6-7-8-9 et. en projection verticale, l'arc $4'$-$5'$-$6'$-$7'$ sont seuls cachés à la fois sur les deux surfaces. Des contours apparents, il ne reste que les segments 2-10, 5-13, 9-16, en projection horizontale et les segments $4'$-$8'$, $2'$-$12'$, $7'$-$15'$, en projection verticale.

8. *On donne un cercle* (O) *dans le plan horizontal. On mène les deux tangentes* σa *parallèle à la ligne de terre et* σb *inclinée à 45° sur cette ligne. Puis, on mène* bc *et* bd *respectivement parallèle et perpendiculaire à* xy. *On considère l'ellipse tangente en* b *au cercle, passant par* c *et* d *et tangente à* σa. *Un cône a pour base ce cercle et son sommet* S *se projette horizontalement à l'intersection de* σo *et de* oc. *Un deuxième cône a pour base l'ellipse ; son sommet se trouve sur la droite* ($s\sigma$, $s'\sigma'$), s_1 *se trouvant en même temps sur la parallèle à* ac *menée par* b. *Représenter l'ensemble des deux cônes* (*fig.* 11).

Construction de l'ellipse. — Cherchons d'abord le point de contact avec σa. À cet effet, appliquons le théorème de Desargues (t. II, n° 305) au faisceau déterminé par le cercle et l'ellipse et à la droite σa. Le point de contact a du cercle est un point double de l'involution ; le point e et le point à l'infini sur bc sont, d'autre part, deux points homologues, comme appartenant à la conique dégénérée bd, bc. Il suit de là que le point de contact de l'ellipse, qui est le deuxième point double et qui, par conséquent, doit être conjugué harmonique de a par rapport à tout couple de points homologues, est le point f symétrique de a par rapport à e.

Un axe de l'ellipse est la droite bo, car elle est évidemment le diamètre conjugué des cordes parallèles à cd, lesquelles cordes sont perpendiculaires à bo. La droite fi est, d'autre part, le diamètre conjugué des cordes parallèles à bc ; elle rencontre donc bo au centre o_1 de l'ellipse. On en déduit le deuxième sommet h de l'axe bo, en prenant le symétrique de b par rapport à o_1. (On peut remarquer que h se trouve, en vertu de cette construction même, sur la droite ce, qui est parallèle à if et lui est homothétique, par rapport à b et dans le rapport 2.)

Pour construire le grand axe, on peut mener $o_1\vartheta$ perpendiculaire et $f\varphi$ parallèle à bo_1 ; si l'on observe que $f\varphi$ est la polaire de ϑ, on voit que $o_1\alpha$ est moyen proportionnel entre $o_1\vartheta$ et $o_1\varphi$ ([1]).

Construction de l'intersection. — La trace de la ligne des sommets

---

([1]) On peut remarquer aussi que ϑ appartient au cercle de Monge (t. II, n° 530) : donc. $\overline{o_1\alpha}^2 = \overline{o_1\vartheta}^2 - \overline{o_1 b}^2$, ce qui se construit par un triangle rectangle.

sur le plan des deux bases est le point σ. Par ce point, passent deux tangentes communes : σb et σfa ; il en résulte que les deux cônes sont bitangents et, par suite. leur intersection se décompose en deux coniques (n° 35). Ces deux coniques se rencontrent aux deux points de contact. L'un de ces points est b ; l'autre est le point à l'infini sur $(sa, s'a')$, car la droite bf est parallèle à ca et, par suite, coïncide avec $s_1 f$. L'une des coniques passe par d et l'autre par c. Le plan de la première a pour trace horizontale bd ; c'est donc un plan de bout ; sa trace verticale est la parallèle à $s'a'$ menée par b'. Si l'on mène le plan parallèle par (s, s'), on obtient un plan de trace horizontale am ; les directions asymptotiques de la première conique sont donc sa et sm, en projection horizontale. Il s'ensuit que cette conique est une *hyperbole*. On obtient ses asymptotes ep et np, en prenant les intersections de son plan avec les plans tangents le long de sa et de sm. Cherchons les points de cette hyperbole où la tangente est perpendiculaire à xy. Dans l'espace, les tangentes en ces points doivent être de bout, puisque le plan de l'hyperbole est un plan de bout. Il en résulte que chacun de ces points doit appartenir à la fois aux contours apparents verticaux des deux cônes. Effectivement, les génératrices $(s_1 g, s'_1 g')$ et $(sj, s'j')$, par exemple, se rencontrent, car il est facile de prouver que la droite gj passe par σ. $\left(\text{On peut montrer, par}\right.$

exemple. que les rapports $\dfrac{kj}{l\sigma}$ et $\dfrac{gk}{gl}$ sont tous deux égaux à $\left.\dfrac{\sqrt{2}}{1+\sqrt{2}}\cdot\right)$ Leur point de rencontre $(1, 1')$ est le seul qui nous intéresse, car l'autre appartient aux nappes supérieures des deux cônes. (Comme vérification, le point 1 doit se trouver sur le diamètre pq conjugué des cordes parallèles à bd.)

Cherchons les tangentes en b et d. Pour avoir la tangente en b, prenons l'intersection du plan $bb'1'$ avec le plan tangent $(sb\sigma, s'b'\sigma')$. A cet effet, coupons par le plan horizontal qui passe par le point de $(sb, s'b')$ projeté horizontalement en k. Ce plan coupe le plan tangent suivant une droite projetée horizontalement en ka, parallèle à $b\sigma$. Il coupe le plan $bb'1'$ suivant une droite de bout projetée horizontalement en ia. (En effet, le point de sb projeté en k a même cote que le point de sa projeté en c, lequel a même cote que le point de ep projeté en i.) Ces deux droites se rencontrent au point a ; donc, ab est la tangente en b. (On peut aussi démontrer que la direction ab est conjuguée harmonique de pb par rapport à pe, pn ou que les directions parallèles sG ([1]), si, sa, sm

---

([1]) ab et sG sont parallèles, parce que ce sont les polaires respectives du point σ et du point de rencontre de bc avec $\sigma\sigma s$.

forment un faisceau harmonique; or, cela résulte de ce que G est le pôle de bc par rapport au cercle.)

Le point de rencontre r de ba et de pq est le pôle de bd par rapport à l'hyperbole; donc. rd est la tangente en d.

Fig. 11.

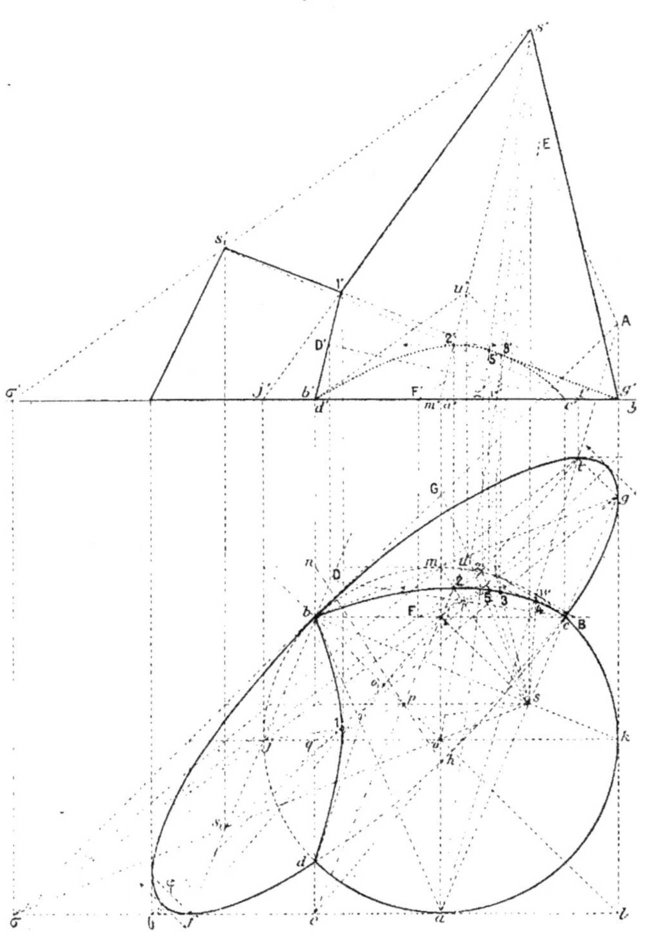

Il est maintenant aisé de tracer l'arc d'hyperbole $b\,1\,d$, qui se projette verticalement suivant le segment $b'\,1'$.

HAAG. — *Exercices*, IV. 3

Passons à la deuxième conique. Son plan a pour trace horizontale bc :
il est donc parallèle au plan tangent $(sa\sigma, s'a'\sigma')$ et, par suite, la conique
est une *parabole*, de direction asymptotique $(sa, s'a')$.

Cherchons le point à tangente horizontale. Dans l'espace, cette tangente doit être parallèle à la ligne de terre, puisque le plan de la parabole est parallèle à cette ligne. Nous devons donc mener aux cônes les
plans tangents parallèles à xy. Il y a d'abord le plan tangent commun
$sa\sigma$, qui donne le point à l'infini et, par conséquent, ne convient pas.
Nous avons ensuite les plans tangents le long de sm et de $s_1 t$. Ces deux
génératrices se rencontrent au point cherché $(2, 2')$. (On peut vérifier,
par des considérations élémentaires, que les points m et t sont bien en
ligne droite avec σ. On peut vérifier aussi que le point 2 se trouve sur le
diamètre conjugué ei des cordes parallèles à bc.)

En prenant le point u, symétrique de i par rapport à 2, on a le pôle
de bc, qui se rappelle en u' sur $s'a'$. En joignant ub, uc, $u'b'$, $u'c'$, on a
les tangentes en b, c, b', c'. [On peut vérifier que bu passe par m, en
coupant, par exemple, le plan tangent $sb\sigma$ et le plan sécant par le plan
auxiliaire $s\sigma m$; on obtient, d'une part, la droite $s\sigma$, d'autre part, une
parallèle à $s\sigma$; il en résulte que la tangente en b est parallèle à $s\sigma$; or,
bm jouit précisément de cette propriété. On peut aussi se rappeler (n° 30)
que les tangentes au point double b sont conjuguées harmoniques par
rapport aux génératrices bs et bs_1 ; or, bs et bs_1 ont pour bissectrice
la première tangente ba ; la deuxième tangente est donc la deuxième
bissectrice bm.]

On a maintenant suffisamment d'éléments pour tracer l'arc de parabole
$(b2c, b'2'c')$. Toutefois, à titre d'exercice, cherchons les sommets des
deux projections.

En projection horizontale, la tangente au sommet est perpendiculaire
à sa, donc parallèle à bsk. Nous devons mener le plan tangent au premier
cône, par exemple, autre que $sa\sigma$, parallèle à la droite du plan sécant
projetée horizontalement suivant bk. A cet effet, il faut mener une parallèle à cette droite par le sommet du cône et prendre sa trace horizontale.
Cette trace T doit appartenir à σa ; c'est donc le point de rencontre de
bsk et de σa. De ce point, on doit ensuite mener les tangentes à la base
du cône ; un premier point de contact est a : le deuxième peut être
construit au moyen de la polaire de T ; or, cette polaire passe par le
pôle A de bk ; en joignant aA, on a, en w, le point de contact cherché.
La tangente en ce point rencontre bc en B, qui appartient à la tangente
au sommet ; cette tangente est donc la parallèle à bk menée par B ; elle
rencontre sw au sommet 4 cherché.

En projection verticale, la tangente au sommet est perpendiculaire à

$s'a'$. La droite $(c\mathrm{D}, c'\mathrm{D}')$ est une droite du plan sécant dont la projection verticale est parallèle à cette tangente. Il faut, comme précédemment, mener le plan tangent, autre que $sa\sigma$, parallèle à cette droite. Son point de contact avec la base est en z, sur la polaire du point de rencontre de σa avec la parallèle à $c\mathrm{D}$ menée par s ; cette polaire est d'ailleurs obtenue en joignant a au pôle E de la parallèle précédente, lequel pôle est à l'intersection du diamètre perpendiculaire à $c\mathrm{D}$ et de la polaire de s, qui est la perpendiculaire à os menée par A. Nous construisons ensuite l'intersection de $(sz, s'z')$ avec le plan sécant, au moyen, par exemple, du plan auxiliaire $s\sigma\mathrm{F}z$. Nous obtenons ainsi le point $(5, 5')$; $5'$ est le sommet de la projection verticale.

Ponctuation. — En projection horizontale, tout est vu. Les deux cônes n'ont pas de contours apparents. On doit enlever de chaque base la portion intérieure à l'autre.

En projection verticale, le segment $i'd'$ est vu, car il est vu à la fois sur les deux cônes. L'arc $b'a'c'$ est caché, car il est caché sur le premier cône. Les segments de contours apparents $i'j'$ et $i'3'$ sont enlevés, parce que chacun d'eux est intérieur au solide limité par le cône dont il ne fait pas partie. Les portions restantes de contours apparents sont toutes vues, à l'exception de $3'g'$, qui est caché par le premier cône.

9. *Un cylindre a pour base l'hyperbole équilatère* (H, H'). *Ses génératrices sont de front et inclinées à* 45° *sur la ligne de terre. Un cône a pour base un cercle tangent aux deux axes de l'hyperbole aux points a et g. Son sommet* (s, s') *se projette horizontalement au centre de l'hyperbole et a une cote au-dessus de* H' *égale au demi-axe transverse sa. Représenter la surface du cylindre, supposée opaque et entaillée par le cône* (*fig.* 12).

Les deux surfaces ont une génératrice commune $(sa, s'a')$. Le reste de leur intersection est donc une *cubique gauche* (n° 35).

Asymptotes. — Nous avons un premier point à l'infini, qui est le sommet du cylindre (n° 35). La tangente en ce point est la génératrice (A, A'), autre que $(sa, s'a')$, suivant laquelle le cylindre est coupé par le plan tangent au cône le long de $(sa, s'a')$.

Pour avoir les deux autres points à l'infini, nous menons par le sommet du cône des plans parallèles aux plans asymptotes du cylindre. Leurs traces horizontales sont les droites ae et ag. Elles coupent la base du cône aux points e et g et les points cherchés sont les points à l'infini sur les génératrices se et sg. L'asymptote parallèle à se est l'intersection du plan tangent *sef* avec le plan asymptote de trace *sc*. Les traces horizontales *ef* et *sc* de ces deux plans se rencontrent au point (f, f'). En menant par ce point la parallèle à la génératrice (*se*, *s'e'*), on obtient l'asymptote (B, B').

Le plan tangent au cône le long de *sg* est de profil ; il coupe le plan asymptote *sd* suivant la troisième asymptote (C, C') de la cubique.

Point courant. — Les traces horizontales des plans auxiliaires passent par le point fixe *a*. Soit *ar* l'une d'elles. Elle rencontre les deux bases aux points *r* et *u*. Les génératrices issues de ces points se coupent au point (8, $8'$), qui est un point quelconque de la cubique.

Pour avoir la tangente en ce point, nous prenons l'intersection des plans tangents. Les traces horizontales de ces deux plans se rencontrent au point (t, t'). qu'il suffit de joindre à (8, $8'$).

Points remarquables. — Les points sur les contours apparents sont tous à l'infini. à l'exception du sommet du cône, qui appartient au contour apparent vertical du cylindre. Pour avoir la tangente en ce point nous prenons l'intersection du cône avec le plan tangent au cylindre le long de (*sa*, *s'a'*) (n° 35). La trace horizontale *ac* de ce plan rencontre la base du cône au point *h* ; $h7$ est la tangente cherchée, en projection horizontale. En projection verticale, la tangente est $a'7'$.

En esquissant la cubique, on se rend compte qu'elle possède un *point double apparent* en projection horizontale. qui semble très voisin de *c*. La ligne des points doubles (n° 8) passe d'ailleurs rigoureusement par ce point. En effet. le plan diamétral conjugué des cordes verticales par rapport au cylindre a pour trace horizontale l'axe non transverse de l'hyperbole ; le plan analogue pour le cône a pour trace horizontale *ag*. Ces deux traces se rencontrent en *g*. D'autre part, la génératrice (*sa*, *s'a'*) est parallèle à la fois aux deux plans diamétraux. L'intersection de ces deux plans, c'est-à-dire la ligne des points doubles est donc la parallèle à *sa* menée par *g*, soit *gc* : elle passe bien par *c*. On est alors conduit à se demander si le point *c* n'est pas exactement le point double apparent.

Pour nous en rendre compte, coupons par le plan auxiliaire *ap*, *p* étant la trace horizontale d'une des génératrices du cylindre dont la projection horizontale passe par *c*. Nous obtenons. dans le cône, la génératrice *sn*. Il s'agit de voir si cette droite passe par *c*, en projection horizontale. Or. en se servant de l'équation de l'hyperbole rapportée à ses axes, on voit aisément que $pc = as(\sqrt{2} - 1)$. Donc, si n' désigne le point de rencontre de *ap* avec *sc*, on a

$$(1) \qquad \frac{n'c}{n's} = \frac{pc}{as} = \sqrt{2} - 1.$$

D'autre part, si l'on appelle n'' le point de rencontre de sc avec le cercle, on a

$$(2) \qquad \frac{n''c}{n''s} = \frac{1}{1+\sqrt{2}} = \sqrt{2}-1.$$

Fig. 12.

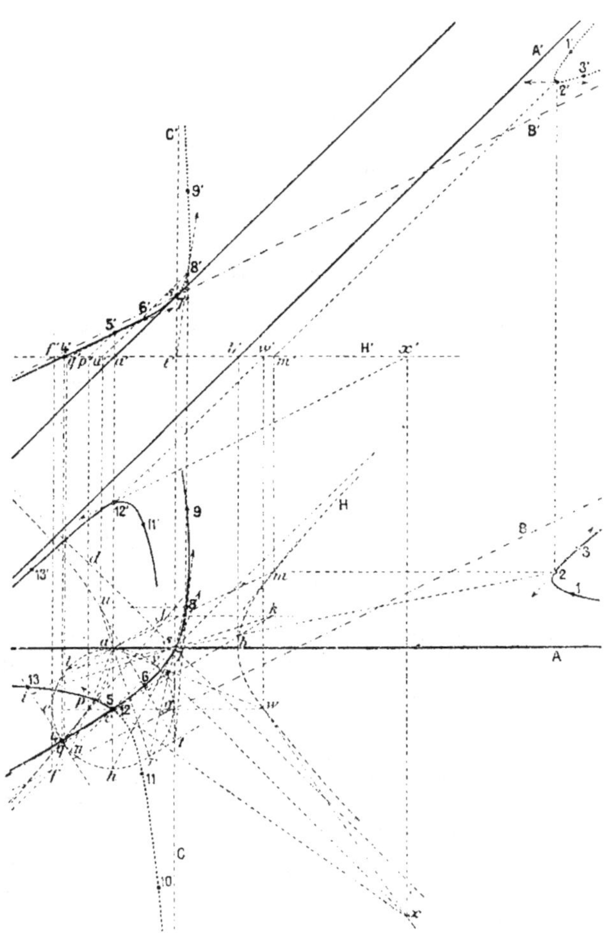

En comparant (1) et (2), on voit que les points n' et n'' coïncident entre eux et, par suite, avec le point n.

Finalement, le point c appartient à la projection horizontale de la cubique et, comme il est sur la ligne des points doubles, c'est bien le point double apparent. D'ailleurs, on vérifierait, comme précédemment, qu'il est donné également par le plan auxiliaire *asw*.

En projection verticale, il lui correspond les deux points $5'$ et $12'$. Les tangentes $(5q, 5'q')$ et $(12x, 12'x')$ sont obtenues comme la tangente au point courant.

Comme point remarquable, signalons encore le point $(2, 2')$, où la tangente est horizontale. Le plan auxiliaire correspondant *lam* doit couper les deux bases en deux points l et m, où les tangentes sont parallèles (n° 8). En traitant la question par le calcul, on trouve que le coefficient angulaire de la droite lm doit être $\sqrt{\sqrt{5}-2}=0,486$.

Les deux bases se rencontrent au point $(4, 4')$. On a construit la tangente en ce point par la méthode habituelle, avec cette seule particularité qu'on a coupé par le plan auxiliaire *aij* pour obtenir le point k de la tangente. (On n'a pas reproduit la projection verticale de cette dernière, parce qu'elle est trop voisine de la courbe.)

Pour bien guider la courbe, on a encore construit les points 1, 3, 6, 9, 10, 11, 13.

Jonction des points. — Faisons tourner le plan auxiliaire dans le sens inverse des aiguilles d'une montre, en partant du plan de front *sa*. Le point courant vient de l'infini sur (A, A'), passe par les positions $(1, 1')$, $(2, 2')$, $(3, 3')$ et va à l'infini sur (B, B'), la trace du plan auxiliaire étant alors *ae*. On a une première branche de la cubique. Puis, le point courant part de l'infini sur l'autre extrémité de (B, B'), rencontre successivement $(4, 4')$, $(5, 5')$, $(6, 6')$, $(7, 7')$, $(8, 8')$, $(9, 9')$ et va à l'infini sur (C, C'), la trace du plan auxiliaire étant alors *sg*. On a une deuxième branche de la cubique. Enfin, le point courant part de l'infini sur l'autre extrémité de (C, C'), passe par $(10, 10')$, $(11, 11')$, $(12, 12')$, $(13, 13')$ et va à l'infini sur (A, A'), le plan auxiliaire étant revenu à sa position primitive. On a la troisième et dernière branche de la cubique.

Ponctuation. — Nous devons ponctuer la courbe sur le cylindre.

En projection horizontale, la nappe qui contient a est vue; il en est donc de même de la branche 4, 5, ..., 9, ..., qui se trouve sur cette nappe. La deuxième nappe serait entièrement cachée par la première, si celle-ci subsistait intégralement. Mais, les portions de génératrices qui sont à droite de l'arc 7. ..., 9, ... et celles qui sont à gauche de l'arc 7. ..... 4, ... sont enlevées, parce qu'intérieures au cône. Il s'ensuit que l'arc 12. 11. 10, ... est seul caché. Quant à la génératrice *sa*, elle est entièrement vue.

En projection verticale, les demi-nappes situées en avant du plan de front *sa* sont vues ; donc, il en est de même de la branche 11'. 12', 13' et de la demi-branche 7'. ..., 4', ... La demi-branche 7', ... 9'. ... et la branche 1'2'3' sont. au contraire, cachées, car elles se trouvent derrière des régions non enlevées de la surface du cylindre.

Enfin, le contour apparent vertical du cylindre subsiste intégralement.

Remarque. — Pour la ponctuation, on a supposé les plans de projection transparents.

10. *On donne deux cylindres de révolution ayant pour bases respectives le cercle* (A) *du plan horizontal et le cercle* (B) *du plan vertical. Le rayon du premier est dans le rapport* $\dfrac{3}{2\sqrt{2}}$ *avec le rayon du second. On développe les deux cylindres. Construire les développements de leur courbe d'intersection* (*fig.* 13).

Le plan de profil *ab'*, le plan horizontal passant par *b'* et le plan de front passant par *a* sont plans de symétrie pour les deux cylindres et, par suite, pour leur intersection. Dès lors, il suffit de construire un huitième de chaque développement et de compléter par symétrie.

Développement du cylindre (B). — Nous le développons sur le plan tangent horizontal *k'6'*, et nous construisons la projection horizontale du développement. La base du cylindre, que nous choisirons comme courbe de référence (n° 37), se développe suivant une droite projetée en *xy*. Construisons maintenant le développement de l'arc de courbe projeté horizontalement suivant l'arc de cercle *cd* et verticalement suivant l'arc de cercle *c'd'*. Le point (*c*, *c'*) donne le point 1, dont l'abscisse *o1'* est égale à la longueur du quart de cercle *k'c'* (cette longueur a été obtenue en mesurant le rayon *b'k'* au double décimètre. multipliant le nombre de millimètres trouvé par $\dfrac{\pi}{2}$, à la règle à calcul. et reportant le nombre de millimètres donné par ce produit en *o1'*) et qui a même ordonnée que *c*. Dans l'espace, la tangente en (*c*, *c'*) est verticale. donc perpendiculaire aux génératrices de (B) ; dans le développement, la tangente en 1 est. par suite, perpendiculaire à 1'1. c'est-à-dire parallèle à *xy*.

On peut avoir aisément le rayon de courbure en ce point. C'est. comme on sait (n° 38), le rayon de courbure géodésique de la courbe de l'espace,

considérée comme tracée sur le cylindre (B). D'après le théorème de
Meusnier (t. II, n° 335), l'axe de courbure joint les centres de courbure
normale de la courbe, considérée comme tracée successivement sur les
deux cylindres. Sur (A), ce centre est à l'infini dans la direction ca, car
la section normale est la génératrice. Sur (B), la section normale est un
cercle, dont le centre est (m, m'). L'axe de courbure est donc la parallèle à ca menée par m. Il faut prendre son intersection avec le plan tangent à (B), lequel est le plan de profil passant par c. Il résulte manifeste-
ment de là que le rayon de courbure géodésique cherché se déduit de am
par la translation ac. Comme sa longueur et son sens seuls nous inté-
ressent, il suffit, pour avoir le centre de courbure en 1, de porter le vec-
teur $1q$ équipollent à am. Le cercle, de centre q et rayon $q1$ est le cercle
de courbure.

Le point (d, d') donne le point 5, construit comme le point 1. Dans l'espace, la tangente est parallèle à la ligne de terre, donc encore perpendiculaire aux génératrices de (B); dans le développement, la tangente en 5 est
donc encore parallèle à xy. Le centre de courbure normale sur (A) est a;
il est sur la génératrice de (B), donc, dans le plan tangent à (B); par
suite, c'est le centre de courbure géodésique sur (B). On en déduit le
centre de courbure r au point 5; d'où le cercle de courbure.

Nous avons encore construit les points 2, 3, 4, correspondant à (e, e'),
(f, f'), (g, g'), les points e', f', g' ayant été pris respectivement au $\frac{1}{3}$, au
milieu et aux $\frac{2}{3}$ de l'arc c' d', de sorte que $1'2'$, $1'3'$ et $1'4'$ sont égaux
respectivement à $\frac{1}{3}$, $\frac{1}{2}$ et $\frac{2}{3}$ de $1'5'$.

Nous avons construit la tangente au point 2, au moyen de la sous-tangente $2's$, qui est égale à $e'n'$. Nous allons voir d'ailleurs que le point 2
est un point d'inflexion.

En utilisant les cinq points construits, les cercles de courbure et la
tangente d'inflexion, on peut tracer très exactement l'arc de courbe 12345.
Il resterait à le compléter par des symétries par rapport aux axes
successifs $11'$, $55'$ et ar.

Recherche des points d'inflexion. — On pourrait chercher les
points de la courbe de l'espace où le rayon de courbure géodésique
sur (B) est infini. Mais, il paraît plus simple de se servir tout simplement de *l'équation de la transformée.*

Prenons comme axe des x la droite ar et comme axe des y la droite ao.
Appelons t l'angle polaire du point e', par exemple, considéré comme un
point quelconque, sur le cercle (b'), le rayon origine étant $b'k'$. Si R'
désigne la longueur de ce rayon, l'abscisse du point 2 est $x = R't$. Son
ordonnée y est celle du point c. Or, cette ordonnée doit être liée à

l'abscisse $x' = \mathrm{R}'\sin t$ de ce même point par l'équation du cercle (a), c'est-à-dire, en appelant R le rayon de ce cercle, par

$$x'^2 + y^2 = \mathrm{R}^2.$$

On en déduit que l'équation cherchée est

$$(1) \qquad \mathrm{R}'^2 \sin^2 \frac{x}{\mathrm{R}'} + y^2 = \mathrm{R}^2.$$

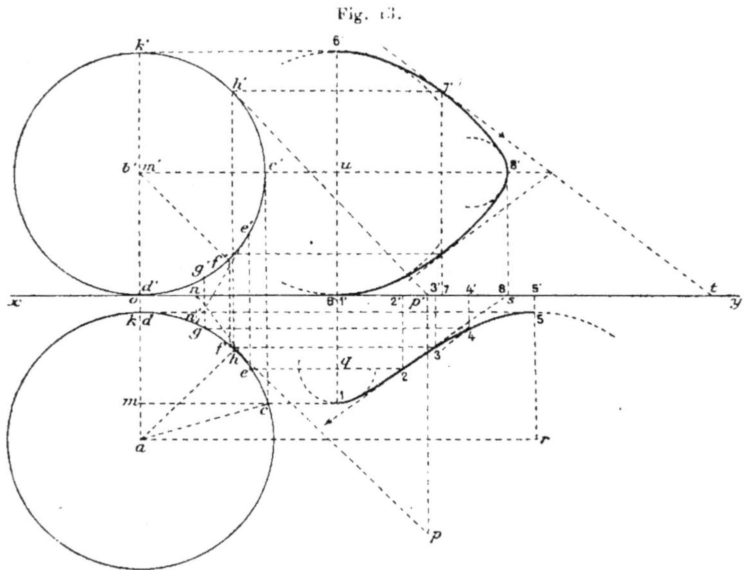

Fig. 13.

Pour avoir les points d'inflexion, il faut annuler la dérivée seconde de y par rapport à x. Dérivons l'équation (1)

$$(2) \qquad \mathrm{R}' \cos \frac{x}{\mathrm{R}'} \sin \frac{x}{\mathrm{R}'} + yy' = 0.$$

Dérivons une nouvelle fois, en introduisant tout de suite l'hypothèse $y'' = 0$,

$$(3) \qquad \cos \frac{2x}{\mathrm{R}'} + y'^2 = 0.$$

Enfin, éliminons y' et y entre (3), (2), (1); il vient, en reprenant la variable t,

$$\frac{R'^2}{7} \sin^2 2t = - \cos 2t . (R^2 - R'^2 \sin^2 t)$$

ou, en posant $\cos 2t = u$,

(4) $u^2 R'^2 + 2 u (2 R^2 - R'^2) + R'^2 = 0.$

Cette équation du second degré a ses racines réelles si

$$(R'^2 - 2 R^2)^2 - R'^4 > 0$$

ou

$$R' < R.$$

Cette condition est remplie pour le développement de (B), qui nous occupe actuellement; mais, elle ne le sera pas pour le développement de (A), qui ne pourra, par suite, donner aucun point d'inflexion.

Les deux racines de (4) sont négatives; leur produit est égal à 1; donc, une seule est comprise entre 0 et -1. Il est aisé de se rendre compte qu'il lui correspond un seul point sur l'arc $c'd'$. Avec les données de l'énoncé, on a $R'^2 = \frac{8}{9} R^2$ et l'équation (4) devient

$$2 u^2 + 5 u + 2 = 0.$$

La racine acceptable est $-\frac{1}{2}$. On en tire $2t = \pi + \frac{\pi}{3}$, $t = \frac{\pi}{2} + \frac{\pi}{6}$, ce qui correspond précisément au point e', donc au point 2, ainsi que nous l'avions annoncé tout à l'heure.

Développement du cylindre (A). —Nous l'avons développé sur le plan tangent de front $d5$: mais, pour la clarté de la figure, nous avons fait subir à la projection verticale de la courbe transformée une translation égale à $o1'$ parallèlement à xy. Nous avons construit le développement de l'arc (kc, $k'c'$). Le point (k, k') donne 6'. Dans l'espace, la tangente en ce point est parallèle à la ligne de terre; dans le développement, elle garde cette direction. En raisonnant comme tout à l'heure, pour le point 5, on voit que le centre de courbure est le point u.

Le point (c, c') donne le point 8', dont l'abscisse 68 a été évaluée en mesurant, au moyen d'un rapporteur, l'angle au centre $\widehat{kac}$ et, au moyen d'un double décimètre, le rayon ak. La tangente dans l'espace est verticale et le demeure dans le développement. Le centre de courbure géodésique sur le cylindre (A) est le point de rencontre de la parallèle à ac menée par m avec le plan tangent en c à (A): il s'ensuit évidemment que le rayon de courbure géodésique et, par suite, le rayon de courbure en 8 sont égaux à la distance de m à ac.

Nous avons construit le point γ', homologue de (h, h'), l'angle $\widehat{kah}$ étant égal à $\frac{\pi}{4}$. La tangente en ce point a été obtenue au moyen de la sous-tangente $\gamma l = hp$.

En utilisant ces trois points, la tangente et les cercles de courbure, on peut tracer très exactement l'arc de courbe $6'\gamma'8'$. On l'a complété par symétrie relativement à $b'8'$; il resterait à faire les symétries par rapport aux perpendiculaires à xy ayant pour abscisses, à partir de 6, le quart et la moitié de la circonférence (a).

EXERCICES PROPOSÉS.

1. Un cône a pour base un cercle dans le plan horizontal. Il est éclairé par un point lumineux P. Construire son ombre propre et son ombre portée sur les plans de projection.

2. Mêmes données. Construire l'ombre portée par le cône sur un plan perpendiculaire à la droite PS.

3. On donne un plan P par ses traces et, dans ce plan, une ellipse, de projection horizontale circulaire. Un cylindre a pour base cette ellipse; on donne la direction de ses génératrices. Construire ses contours apparents, ainsi que son ombre au soleil (rayons lumineux à 45°). Construire la projection horizontale d'un point du cylindre, connaissant sa projection verticale et *vice versa*.

4. On donne un cône à base horizontale circulaire, une droite D et un plan P. Mener une normale au cône s'appuyant sur D et parallèle à P. (On est ramené à mener un plan tangent perpendiculaire à P.)

5. On donne un cylindre à base horizontale circulaire et une droite D. Mener à ce cylindre une normale s'appuyant sur D et faisant avec cette droite un angle donné. (La direction de la normale cherchée résulte de l'intersection d'un cône de révolution avec un plan perpendiculaire aux génératrices du cylindre.)

6. On donne un cône à base horizontale circulaire et un cylindre à base frontale circulaire. Construire leurs normales communes.

7. Un cône a pour base, dans le plan horizontal, un cercle de rayon 50 et de centre (50, 100, 0). Son sommet a pour coordonnées (—50, 150, 100).

Construire les sections par les plans suivants :

$$4x + 2y + 3z - 320 = 0 \quad \text{(hyperbole)};$$
$$6x - 2y + 3z - 100 - 20\sqrt{10} = 0 \quad \text{(ellipse)};$$
$$y - z - 100 = 0 \quad \text{(parabole)}.$$

8. Un cône a pour base un cercle dans le plan vertical; on le coupe par le premier bissecteur. Chercher les points de l'intersection qui ont leur projection verticale sur une droite donnée.

9. Mêmes données. Construire les points les plus hauts et les plus bas, les plus à droite et les plus à gauche des deux projections de l'intersection.

10. On donne, dans le plan horizontal, un triangle équilatéral abc, dont le sommet a a pour coordonnées (0, 200, 0) et dont le côté bc est parallèle à la ligne de terre et a pour éloignement 50. Un cône de révolution a pour base le cercle circonscrit à ce triangle; son sommet S a pour cote 200. Une pyramide a pour base le triangle; son sommet se trouve sur la verticale de S et a pour cote 100. Représenter le solide commun.

(Les sections planes sont des paraboles. Remarquer la symétrie ternaire de la projection horizontale; *cf.* Exercice résolu n° 1 du Chapitre II.)

11. On considère des rayons lumineux à $45°$ et un cercle ayant son plan perpendiculaire à ces rayons et son centre sur la ligne de terre. Construire les ombres portées sur les deux plans de projection.

12. On reprend l'ellipse du n° 3. Un cône a pour base cette ellipse et pour sommet un point de projection horizontale donnée, mais de cote inconnue. Déterminer cette cote pour que la trace horizontale du cône soit une parabole et construire cette parabole.

13. Même question, la trace horizontale devant être une hyperbole dont les asymptotes fassent un angle donné. De plus, on supposera que la projection horizontale du sommet se trouve au centre de la projection horizontale de l'ellipse de base ou bien n'importe où sur cette projection.

14. On donne un cône à base horizontale circulaire et une droite D. Mener par cette droite un plan coupant le cône suivant une parabole.

15. On donne un cône à base horizontale circulaire. Construire un plan cyclique non horizontal. (On peut chercher directement la section anti-parallèle en faisant tourner ou rabattant le plan vertical passant par le sommet et par le centre de la base. On peut aussi couper le cône par une sphère de rayon nul ayant son centre au sommet; le plan cyclique demandé est déterminé par le sommet et par l'axe radical du cercle de base et de la trace horizontale de la sphère précédente. Enfin, on peut couper par une sphère quelconque passant par le cercle de base et chercher le plan du deuxième cercle d'intersection, en coupant par des plans horizontaux.)

16. Un cône, de sommet (50, 60, 150), a pour base, dans le plan horizontal, un cercle de centre (— 50, 50, o) et de rayon 50. Un deuxième cône, de sommet (— 80, 30, 150), a pour base, dans le plan horizontal, un cercle tangent extérieurement au précédent et de centre (70, 100. o). Représenter l'ensemble des deux solides.

17. Un cylindre, dont les génératrices sont de front et inclinées à 45° sur la ligne de terre (de gauche à droite, en montant), a pour base, dans le plan horizontal, un cercle de rayon 60 et de centre (o. 60, o). Un plan, dont la trace verticale est parallèle aux génératrices précédentes et coupe la ligne de terre au point d'abscisse —90, est tangent au cylindre ci-dessus. Un second cylindre, à génératrices horizontales, est tangent au plan précédent et au plan horizontal; sa base dans le plan vertical est un cercle dont le centre a pour abscisse 60. Représenter le second cylindre entaillé par le premier et limité à un plan de front d'éloignement 140.

18. Un triangle rectangle isoscèle a son hypoténuse verticale et égale à 120. L'extrémité inférieure de cette hypoténuse a pour coordonnées (— 12, 60, o). Ce triangle, en tournant autour de son hypoténuse, engendre un double cône. Un cylindre, dont les génératrices font, avec *xy*, 60° dans les deux projections, en montant de gauche à droite, a pour base, dans le plan horizontal, un cercle de 45 de rayon et de centre (— 50, 165, o). Représenter le double cône entaillé par le cylindre.

19. Un cône a pour sommet le point (— 80, 160, 25) et pour base, dans le plan vertical, un cercle de centre (— 17, o, 90) et de 72 de rayon. Un cylindre a ses génératrices de front et inclinées à 40° sur la ligne de terre, en montant de gauche à droite. Sa base est un cercle du plan horizontal, de rayon 55 et de centre (— 75, 80, o). Représenter le solide commun.

20. Un cylindre a ses génératrices de front et à 45° sur *xy* (en montant de gauche à droite). Sa base dans le plan horizontal est un cercle de centre (— 100, 60. o) et de rayon 60. Un cône a pour sommet le point (— 5o. 15o, 100). Sa base dans le plan vertical est un cercle passant par la projection verticale du sommet et ayant pour centre le point (30, o, 15o). Représenter le cône entaillé par le cylindre. On déterminera, en particulier. la ligne des points doubles apparents dans chaque projection, ainsi que les points les plus hauts et les plus bas de la projection horizontale.

21. On donne deux cercles dans le plan horizontal, ayant pour rayons respectifs 60 et 40 et pour centres les points (— 60, 60, o) et (5o, 80, o). Le premier est la base d'un cône de sommet (5o, 120, 70) et le second est la base d'un autre cône de sommet (—60, 120, 160). Représenter l'ensemble des deux solides. On déterminera, en particulier, les tangentes au point double.

22. Un cône a pour sommet le point S(10, 100, 200). Sa base dans le plan horizontal est un cercle de rayon 70 et dont le point le plus à droite est la projection horizontale de S. Un autre cercle, tangent extérieurement en ce point au premier, a pour rayon 35. Un cylindre admet ce cercle pour base; ses génératrices sont parallèles à la droite qui joint S au centre de similitude externe des deux cercles. Représenter le solide commun. (On remarquera que l'intersection se décompose en deux coniques.)

23. On donne dans le plan horizontal deux cercles C et C_1, tangents extérieurement en un point de coordonnées (—25, 75, o); la ligne des centres est parallèle à la ligne de terre; les rayons du cercle de gauche et du cercle de droite sont respectivement 5o et 75. Un cône a pour base le cercle C (de gauche) et pour sommet un point S projeté horizontalement au point le plus en avant de C_1 et de cote 210. Un deuxième cône a pour base C_1 et pour sommet un point projeté horizontalement au point de contact des deux cercles et de cote 140. Représenter l'ensemble des deux solides.

24. Un cercle de rayon 35 est tangent en o à xy, dans le plan horizontal. Un cône a pour base ce cercle et pour sommet le point (o, o, 90). Un deuxième cône a pour sommet (35, o, 180) et pour base un cercle double du précédent, tangent à xy au point d'abscisse —35 et situé dans le plan horizontal. Solide commun. (On cherchera, en particulier, la tangente au point de rebroussement et les asymptotes.)

25. Deux cercles, de même rayon 5o et tangents extérieurement, sont tracés dans le plan vertical, tangentiellement à la ligne de terre; leur

point de contact a pour abscisse — 25. Deux cônes ont pour bases ces
deux cercles; le sommet de chacun d'eux se projette verticalement au
centre de la base de l'autre; le sommet le plus à gauche a pour éloignement 240 et l'autre a pour éloignement 120. Ensemble des deux solides.
(On cherchera les asymptotes des branches virtuelles de la projection
horizontale, en portant les deux cônes au même sommet et remarquant
que le plan vertical est déjà un plan de sections homothétiques. On
cherchera aussi les tangentes aux points d'arrêt de la projection horizontale, au moyen du théorème de Meusnier.)

26. Un cône a pour base, dans le plan horizontal, un cercle C, de 70
de rayon et de centre (— 70, 70, o); son sommet est le point (o, 210, 140).
Un cylindre a pour base, dans le plan vertical, un cercle égal et tangent
au précédent; ses génératrices ont pour paramètres directeurs (1, 1, 1).
Représenter le cylindre entaillé par le cône.

27. On donne dans le plan horizontal deux cercles C et C_1, de rayon
commun 40 et de centres respectifs (— 20, 100, o) et (20, 60, o). Un
cône a pour base C et pour sommet (— 20, 220, 90). Un autre cône a
pour base C_1 et pour sommet (— 20, 140, 45). Ensemble des deux cônes.

28. Dans le plan horizontal, on donne une hyperbole équilatère, de
centre (— 50, 100, o) et d'axe transverse parallèle à xy et de longueur 100. Cette hyperbole sert de base à un cylindre dont les génératrices ont pour paramètres directeurs (1, — 1, 1). Un cône a pour
sommet le point (25, 50, 75) et pour base le cercle concentrique et
bitangent à l'hyperbole précédente. Représenter le cylindre entaillé par
le cône.

29. On reprend le cylindre précédent et l'on remplace le cône par un
cylindre admettant la même base et dont les génératrices ont pour
direction la bissectrice de l'angle que fait une génératrice du premier
cylindre avec le plan horizontal. Solide commun. (Le point à l'infini sur
les génératrices du second cylindre est un point double de l'intersection.)

30. Un cône a pour sommet (— 50, 50, 80) et pour base un cercle du
plan horizontal, de centre (— 100, 100, o) et de rayon 30. On lui fait
subir la translation (140, — 50, 80). Représenter le nouveau cône entaillé
par l'ancien.

31. Un triangle équilatéral, de côté 100, tourne autour d'une de ses
hauteurs et engendre ainsi un cône de révolution. On coupe ce cône par
un plan perpendiculaire au plan du triangle mené par une hauteur

autre que l'axe du cône. Construire le développement de la section ainsi obtenue.

32. Construire le développement d'une section plane de cylindre de révolution.

33. Un cylindre de révolution, de rayon 5o, est tangent au plan vertical le long d'une verticale d'abscisse — 9o. On le coupe par un cône de révolution admettant pour axe la génératrice le plus en avant du cylindre. pour angle au sommet un angle droit et zéro pour cote de son sommet. Représenter le cylindre entaillé par le cône et le développer ensuite sur le plan vertical.

34. Un cylindre a pour base un cercle de rayon 6o du plan horizontal. ses génératrices sont de front et inclinées à 45° sur la ligne de terre. Construire le développement de sa base.

CHAPITRE IV.

SPHÈRE.

EXERCICES RÉSOLUS.

1. *Une lentille biconvexe est constituée par la partie commune à deux sphères* (O) *et* (O₁) *orthogonales au point* (a, a') *le plus en arrière de la sphère* (O). *Représenter cette lentille, ainsi que son ombre portée sur les plans de projection, en la supposant éclairée par des rayons lumineux à* 45° (*fig.* 14).

Intersection des deux sphères. — Cette intersection est un cercle projeté horizontalement suivant l'axe radical ab des contours apparents horizontaux. La projection verticale est une ellipse, dont le petit axe est $a'b'$. Le grand axe est la projection verticale du diamètre vertical du cercle, lequel est projeté horizontalement au point c, milieu de ab. On obtient ses extrémités c' et c'', en coupant par le plan de front du point c (n° 39). On peut aussi remarquer que $c'c'' = ab$. Les points c' et c'' sur le contour apparent vertical de (O) ont été obtenus en coupant par le plan de front oc. En projection horizontale, la lentille est représentée par le segment ab, vu en entier et par les deux arcs de contour apparent amb et afb, dont chacun limite la portion de l'une des sphères intérieure à l'autre. En projection verticale, l'ellipse est vue en entier, car le cercle est vu sur la sphère (O₁). Il ne reste rien du contour apparent de cette dernière et il reste l'arc $c'l'c''$ du contour apparent de (O).

Ombre propre. — La courbe d'ombre propre de la sphère (O) est le grand cercle dont le plan est perpendiculaire aux rayons lumineux. Il se projette suivant deux ellipses. En projection horizontale, le grand axe est la projection du diamètre horizontal; il est donc perpendiculaire à la projection horizontale du rayon lumineux (ol, $o'l'$); of est la moitié de ce grand axe.

Pour avoir le petit axe, on pourrait couper par le plan vertical ol et faire un rabattement ou une rotation. On peut aussi employer la méthode classique suivante. Faisons tourner les rayons lumineux autour du diamètre vertical de la sphère, jusqu'à ce qu'ils soient de front; le rayon $(ol, o'l')$ vient en $(ol_1, o'l'_1)$. Le plan d'ombre propre est maintenant un plan de bout, dont la trace verticale $o'g'_1$ est perpendiculaire à $o'l'_1$; il en résulte que le petit axe de la projection horizontale est og_1. En revenant en place (g_1, g'_1) vient en (g, g'). Le point g est un des sommets du petit axe cherché; quant à g', c'est le point le plus haut de la projection verticale.

Toutes les constructions que nous venons de faire peuvent être répétées pour la projection verticale; mais, cela est inutile, à cause de la symétrie qui existe entre les deux projections [1]; la projection verticale est une ellipse égale à la projection horizontale, inclinée symétriquement par rapport à la direction de la ligne de terre.

Il nous serait facile maintenant de construire par points ces deux ellipses. Mais, nous n'avons besoin que de ce qui appartient véritablement à la lentille. Dès lors, il nous faut chercher les deux points d'intersection du cercle d'ombre propre avec le plan vertical ab. Le plan du cercle étant déterminé par une horizontale et une frontale, on a, en $(ih, i'h')$, la droite d'intersection de ce plan avec le plan ab. Nous rabattons maintenant celui-ci autour de l'horizontale $(ab, a'b')$. Notre droite se rabat en $IhII$ (on a rabattu le point projeté horizontalement en c). Le cercle d'intersection des deux sphères est rabattu suivant le cercle de diamètre ab. Il rencontre le rabattement de la droite en I et II, qui se relèvent en $(1, 1')$ et $(2, 2')$.

En projection horizontale, l'arc $f1$ est seul vu; en projection verticale, il n'y a que le tout petit arc $d'2'$, que l'on ne peut d'ailleurs distinguer pratiquement, sur la figure, du contour apparent vertical de la sphère.

On a construit la tangente au point 1, en rabattant le cercle d'ombre propre autour de son diamètre horizontal of. (Sur la figure, on a seulement indiqué la construction analogue de la tangente au point 3.)

On construit, de la même manière, la courbe d'ombre propre de la portion de lentille qui appartient à la deuxième sphère. On peut, toutefois, apporter quelques simplifications de détail, en utilisant les constructions précédentes. C'est ainsi qu'il est inutile de refaire la construction du

---

[1] Dans l'espace, les rayons lumineux sont parallèles au premier bissecteur: donc, le plan parallèle à ce plan mené par le centre de la sphère est un plan de symétrie pour la courbe d'ombre propre; il est ensuite facile de voir que deux points homologues dans cette symétrie auraient leurs projections de noms contraires symétriques l'une de l'autre par rapport à la ligne de terre, si le centre de la sphère se trouvait sur cette ligne.

petit axe, si l'on se sert de l'homothétie des deux ellipses dans chaque projection. De même, pour déterminer les points $(3, 3')$ et $(4, 4')$, il suffit de construire le point (i, i'') et de remarquer que le rabattement III i IV est parallèle à IhII.

En projection horizontale, on voit l'arc $m3$; en projection verticale on voit tout l'arc $3'm'4'$. (On n'a pas construit la tangente en $4'$, parce que ce point est très voisin d'un sommet de l'ellipse. La tangente en m' est parallèle au diamètre conjugué des cordes horizontales et, par conséquent, parallèle à $o'g'$.)

La distinction des régions éclairées de chaque sphère étant évidente, il n'y a aucune difficulté à mettre les hachures. Le petit triangle curviligne $d'2'e''$ de la projection verticale est dans l'ombre; mais, il a été impossible de le couvrir de hachures, à cause de son exiguïté.

Ombre portée. — L'ombre portée sur chaque plan de projection comprend trois arcs de courbe, qui sont les traces des cylindres circonscrits aux deux sphères et du cylindre ayant pour base le cercle d'intersection. On peut dire encore que l'ombre portée sur le plan horizontal, par exemple, est la projection, faite parallèlement aux rayons lumineux, des quatre arcs de cercle projetés horizontalement en $3m4$, 42, $2f1$, 13. Toutes ces projections cylindriques sont évidemment des arcs d'ellipses.

Commençons par projeter les points 1, 2, 3, 4. Autrement dit, menons une parallèle aux rayons lumineux par chacun d'eux et prenons la trace de cette parallèle sur le plan de projection le premier rencontré. Les points $(1, 1')$ et $(3, 3')$ donnent $1''$ et $3''$ sur le plan vertical; les deux autres donnent $2''$ et $4''$ sur le plan horizontal. (Le point $2''$ n'est pas marqué sur la figure, parce qu'il est caché. Il a été néanmoins construit au crayon, ainsi que sa tangente, afin de guider le tracé de l'arc $e''2''$, dont une partie est vue.)

Les tangentes en chacun de ces points sont très faciles à obtenir. Par exemple, la tangente au point $1''$ est la trace verticale du plan tangent au cylindre circonscrit à la sphère (O) le long de la génératrice $11''$. Or, ce plan n'est autre que le plan tangent en $(1, 1')$ à la sphère; il est donc perpendiculaire au rayon $(o1, o'1')$ et sa trace verticale, c'est-à-dire la tangente cherchée, est perpendiculaire à $o'1'$. Ceci est la tangente à la projection cylindrique de $1f2$. Mais, c'est aussi la tangente à la projection cylindrique de l'arc de cercle 13, car le plan tangent au cylindre projetant cet arc, au point $(1, 1')$, est encore le plan tangent à la sphère (O), puisqu'il contient deux droites de ce plan, à savoir la tangente au cercle et le rayon lumineux.

Deux autres points importants sont les points de rencontre avec la

ligne de terre. On les a construits en cherchant l'intersection de cette
ligne avec chacun des cylindres circonscrits. A cet effet, on a coupé par
le plan parallèle aux rayons lumineux mené par xy (n° 46). Ce plan n'est
autre que le premier bissecteur. Pour construire le point c'', par exemple,
on a pris la trace de ce plan sur le plan d'ombre propre de (O). Cette
trace a été déterminée par les points (s, s') et (u, u'), intersections du
premier bissecteur avec les horizontales du plan d'ombre propre passant
par les points (o, o') et (g, g'). On a ensuite rabattu ce dernier plan
autour de l'horizontale $(os, o's')$; on a pris l'intersection de la droite
su_1 avec le cercle de contour apparent horizontal, suivant lequel se rabat
le cercle d'ombre propre. Un seul point c_1 correspond à l'arc utile $1f2$:
la parallèle à ol menée par ce point rencontre la ligne de terre au point
c'' cherché. Les tangentes en ce point ont été construites comme les
tangentes aux points $1''$, $2''$, $3''$, $4''$. (Il a fallu, pour cela, relever le point
c_1; cette construction n'est pas indiquée sur la figure.)

Le point r'' a été construit d'une manière analogue, au moyen du cylindre circonscrit à (O_1). Toutefois, on a négligé de faire le rabattement
précédent et l'on s'est borné à prendre l'intersection de la droite $n'q'$ avec
l'arc d'ellipse $3'$ m' $4'$; le point r' obtenu a été ensuite projeté obli-
quement, en r'', sur xy. [Le point q' est le point de rencontre du premier bissecteur avec l'horizontale du point (p, p'); le point p' a d'ailleurs
été obtenu en se rappelant que $o'_1 p'$ est parallèle à $o' g'$.]

Les éléments que nous venons de construire suffisent pratiquement
pour tracer l'ombre portée. Toutefois, il est utile de savoir déterminer
les axes de chacun des arcs d'ellipse qui constituent cette ombre. Le
sommet w'', par exemple, est la trace verticale du rayon lumineux passant par le point (w, w'), où la tangente à la courbe d'ombre propre
est de front. Le point w' n'a pas été marqué; car, cela eût été inutile,
puisque la projection verticale du rayon lumineux passe par o'. Quant
au point w, il se trouve sur la ligne de rappel qui passe par le sommet
opposé à g de la projection horizontale [1], la droite ow ayant, d'autre
part, une direction symétrique de $o'g'$ par rapport à la ligne de terre.

En prenant la trace z'' du rayon lumineux qui passe par (o, o'), on a
le centre de l'ellipse considérée. On en déduit le petit axe, qui est perpendiculaire à z'' w'' et a pour longueur le diamètre de la sphère (O).
Outre le sommet w'', on a construit le sommet m'', projection oblique du
point (m, m'). La tangente en ce point est mm'', trace du plan tangent
au cylindre circonscrit. On n'a cherché aucun élément relatif au petit

---

[1] Puisque c'est la projection horizontale d'un des sommets du petit axe de la
projection verticale.

arc $1''3''$, les extrémités et les tangentes en ces points suffisant pour le
tracer avec une approximation convenable.

Fig. 14.

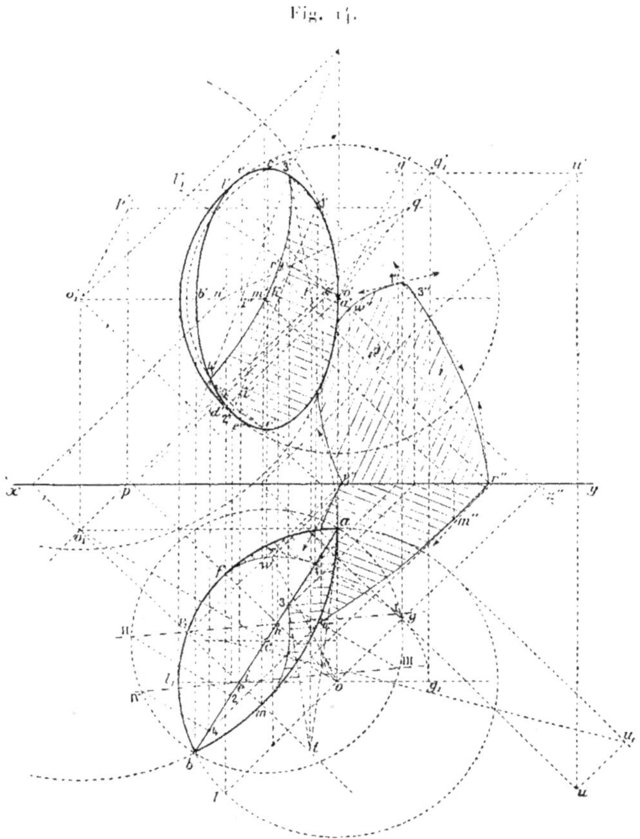

2. *On donne une sphère et un cône, à base horizontale circulaire,
de sommet* (s, s') *sur le grand cercle de front de la sphère. Une génératrice de contour apparent vertical est la tangente* $s'd'$ *à ce grand
cercle; l'autre est* $s'1'$. *Représenter la sphère entaillée par le cône.*
(*fig.* 15).

Éléments de la projection verticale. — Le plan de front os est un
plan de symétrie commun des deux surfaces, donc de leur intersection.

Comme celle-ci est une biquadratique, sa projection verticale est une conique (n° 10). Cherchons son genre et, s'il y a lieu, ses asymptotes. A cet effet, il nous faut chercher quels sont, parmi les plans de bout, ceux qui coupent les deux surfaces suivant des sections homothétiques. Comme toutes les sections de la sphère sont des cercles, cela revient à chercher les plans cycliques du cône. Nous avons d'abord les plans horizontaux ; donc, la ligne de terre est une première direction asymptotique. Pour avoir l'asymptote correspondante, nous prenons l'intersection a' des diamètres conjugués des plans horizontaux (n° 10) et, par ce point, nous menons la parallèle A à la ligne de terre.

L'autre direction asymptotique est la direction $d'c'$ antiparallèle à A par rapport à l'angle $d's'\mathrm{1}'$. L'asymptote correspondante B se construit, comme la précédente, au moyen du point de rencontre b' des diamètres $s'c'$ et $o'b'$.

En définitive, la projection verticale de l'intersection est une hyperbole, dont nous possédons les asymptotes et un point, à savoir le point s'. Nous pouvons donc, dès maintenant, la construire. Un arc seulement est la projection des parties réelles de la courbe de l'espace ; il est limité par les points s' et $\mathrm{1}'$, le reste de l'hyperbole étant constitué par des branches virtuelles (n° 10).

Cherchons les tangentes aux points d'arrêt s' et $\mathrm{1}'$. La tangente en s' est évidemment $s'd'$, car cette droite est la trace du plan tangent commun en (s, s') aux deux surfaces. Dans l'espace, le point (s, s') est un point double, dont les tangentes sont les génératrices d'intersection du cône avec le plan tangent en (s, s') à la sphère ; ces deux génératrices sont confondues avec la génératrice de contour apparent vertical $(sd, s'd')$. Le point (s, s') est donc *un point de rebroussement*, ce qui ne se voit, bien entendu, qu'en projection horizontale.

Au point $(\mathrm{1}, \mathrm{1}')$, la tangente est de bout, car les plans tangents en ce point aux deux surfaces sont de bout et distincts. En projection horizontale, la tangente au point $\mathrm{1}$ est perpendiculaire à la ligne de terre. Mais, en projection verticale, il nous faut chercher la trace du plan osculateur (n° 1). A cet effet, nous appliquons le théorème de Meusnier (n° 6). Le centre de courbure normale de la sphère est (o, o'). Quant à celui du cône, il se trouve d'abord sur la normale $\mathrm{1}'e''$ (perpendiculaire à $s'\mathrm{1}'$) et ensuite sur l'axe $e'e''$ du cercle de section par le plan horizontal du point $\mathrm{1}'$, lequel cercle est bien tangent à la droite de bout ; ce centre de courbure normale est donc le point e''. Le centre de courbure de la courbe d'intersection est maintenant la projection de $\mathrm{1}'$ sur $o'e''$; par suite, la tangente en $\mathrm{1}'$ est perpendiculaire à $o'e''$.

Nous pouvons profiter de cette construction pour avoir le centre de

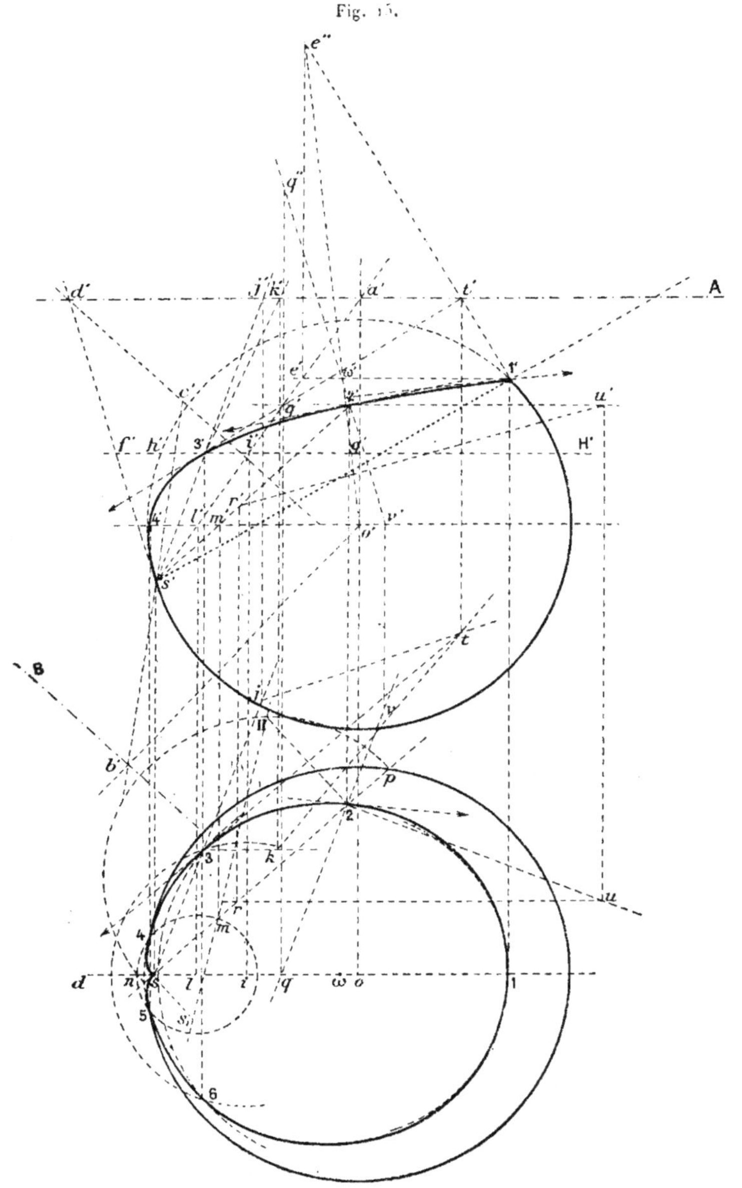

Fig. 15.

courbure de la projection horizontale au point 1. Il suffit d'appliquer encore une fois le théorème de Meusnier, mais au cylindre projetant horizontalement la courbe. Le centre de courbure de la section droite de ce cylindre se trouve sur l'axe de courbure de la courbe de l'espace, c'est-à-dire sur $o'e''$; il se trouve aussi sur la normale au cylindre; c'est donc le point (ω, ω'); ω est le centre de courbure cherché ([1]).

Construction d'un point quelconque. — Notre cône possède à la fois des cercles et des droites. De là résultent deux méthodes pour construire un point quelconque de l'intersection (n° 45).

Première méthode. — Coupons par un plan horizontal H'; il coupe la sphère suivant un cercle, de rayon $g'h'$ et dont la projection horizontale est un cercle égal, de centre o; il coupe le cône suivant un autre cercle de centre (i, i') et de rayon $i'f'$ et projeté également en vraie grandeur sur le plan horizontal. Ces deux cercles se coupent en deux points symétriques par rapport au plan de front od; $(3, 3')$ est l'un d'eux.

Les points $(4, 4')$ et $(5, 4')$ du contour apparent horizontal de la sphère ont été obtenus de cette manière.

Pour avoir la tangente en $(3, 3')$, on a pris l'intersection des plans tangents, en les coupant par le plan horizontal auxiliaire A. Le plan tangent au cône contient la génératrice $(s3, s'3')$, qui est coupée par A au point (j, j'); il contient aussi la tangente au cercle de section par H', laquelle est perpendiculaire au rayon $i3$; le plan horizontal A coupe le plan tangent suivant une parallèle à cette tangente, projetée horizontalement en jt, perpendiculaire à $i3$. Le plan tangent à la sphère est perpendiculaire au rayon $(o3, o'3')$. La frontale $(3k, 3'k')$ perce le plan A en (k, k'); par le point k, nous menons ensuite une perpendiculaire kt à $o3$ et nous avons la projection horizontale de l'intersection du plan auxiliaire avec le plan tangent à la sphère. Cette droite rencontre jt au point t, qui se rappelle en t' sur A. La tangente au point $(33')$ est finalement $(3t, 3't')$.

Deuxième méthode. — Nous allons construire l'intersection de la génératrice $(sm, s'm')$ avec la sphère. A cet effet, nous coupons par le plan projetant horizontalement cette droite (n° 40) et nous rabattons ce plan sur le plan horizontal du centre de la sphère. Le cercle d'intersection avec la sphère se rabat suivant un cercle de diamètre np et la droite suivant s_1m. Ces deux rabattements se rencontrent au point s_1, qui ne nous intéresse pas et au point II, qui se relève en $(2, 2')$.

([1]) La ligne de rappel $\omega\omega'$ a été oubliée sur la figure.

Pour varier, construisons la tangente en ce point par la méthode des normales. La normale à la sphère est $(o2, o'2')$. La normale au cône est projetée horizontalement suivant le rayon $2q$ du cercle de section du cône par le plan horizontal $2'q'$. Pour avoir sa projection verticale, nous coupons le plan tangent par le plan de front ru. Ce plan rencontre la génératrice en (r, r') et la tangente au cercle en (u, u'); la projection verticale de la normale au cône est la droite $2'v'$ perpendiculaire à $r'u'$. Il faut mener maintenant la perpendiculaire au plan des deux normales. En projection horizontale, nous menons la perpendiculaire à l'horizontale ov et, en projection verticale, nous menons la perpendiculaire à la frontale $o'q''$.

Pour mieux guider la courbe en projection horizontale, on a construit un autre point, par la deuxième méthode, entre les points 1 et 2. En se servant du cercle de courbure au point 1, on a pu tracer la courbe avec une exactitude suffisante.

Ponctuation. — Il faut ponctuer la courbe sur la sphère. En projection verticale, tout est vu. En projection horizontale, l'arc $5s4$ serait caché; mais, il redevient vu comme contour apparent (n° **11**. II, *c*), la portion de sphère qui le cachait étant enlevée par le cône.

L'arc $4n5$ du contour apparent horizontal de la sphère et l'arc $s'h'1'$ de son contour apparent vertical sont enlevés, parce qu'intérieurs au cône. Le segment $s'1'$ est seul conservé dans le contour apparent du cône; il est évidemment caché par la sphère.

EXERCICES PROPOSÉS.

1. Construire l'intersection d'une sphère avec une droite de profil déterminée par deux de ses points.

2. Construire les pieds des normales abaissées d'un point donné sur une sphère.

3. Construire les pieds des normales abaissées d'un point donné sur la section d'une sphère par un plan donné.

4. On donne un point P à l'intérieur d'une sphère. Construire les deux projections du petit cercle de la sphère ayant pour centre ce point.

5. On donne un point P sur une sphère. Construire les deux projections du petit cercle de la sphère qui admet P pour pôle et les deux tiers du rayon de la sphère pour rayon.

6. On donne deux sphères de rayons respectifs 100 et 70 et de centres respectifs (— 50, 100, 100) et (50, 70, 70). Représenter la grande entaillée par la petite.

7. On prend les deux sphères précédentes et l'on en ajoute une troisième, de centre (0, 50, 50) et de rayon 50. Représenter le solide commun aux trois sphères.

8. On donne une sphère de centre (0, 60, 50) et de rayon 50 et un point lumineux (— 110, 170, 160). Construire l'ombre propre de la sphère et son ombre portée sur les deux plans de projection. Construire les foyers de chaque ombre portée en appliquant le théorème élémentaire de Dandelin.

9. On donne une sphère et une droite. Construire l'angle des plans tangents à la sphère menés par la droite. (Le problème revient à construire la distance du centre de la sphère à la droite.)

10. Mener, par une droite donnée, un plan coupant une sphère donnée sous un angle donné. (Les plans qui coupent une sphère donnée sous un angle donné enveloppent une sphère concentrique.)

11. On donne une sphère S, une droite D et un point P. Mener, par P, une droite rencontrant D et coupant S sous un angle donné. (Les droites qui coupent S sous un angle donné sont tangentes à une sphère concentrique.)

12. Mener, par un point donné, un plan tangent à deux sphères données. (Le plan doit passer par un centre de similitude des deux sphères.)

13. Construire les plans tangents communs à trois sphères données.

14. Construire les plans tangents communs à deux cônes de révolution de même sommet. (On se ramène à 12, en inscrivant des sphères.)

15. Construire les normales communes à deux cônes de révolution.

16. On donne un cylindre quelconque à base horizontale circulaire et une droite D. Mener au cylindre une normale s'appuyant sur D et faisant avec cette droite un angle donné. (Chercher d'abord la direction de cette normale par l'intersection d'un cône de révolution et d'un plan perpendiculaire à D.)

17. Mener, par une droite D, un plan coupant un cône de révolution donné suivant une parabole (*cf*. Exercice proposé n° 14 du Chapitre III).

18. Même question, la conique devant être une hyperbole dont les asymptotes font un angle donné ou une ellipse semblable à une ellipse donnée. (Les plans coupant suivant une conique satisfaisant à la condition imposée sont parallèles aux plans tangents d'un cône de révolution.)

19. On donne un cône de révolution et une droite D. Mener une normale au cône coupant D sous un angle donné.

20. Un cône de révolution a pour sommet le point $(10, 150, 140)$. Son axe passe par le point $(-100, 60, 70)$. Enfin, l'angle au sommet est $80°$. Construire l'ombre propre et les ombres portées sur les plans de projection, les rayons lumineux étant à $45°$.

21. Construire l'axe d'un cylindre de révolution, connaissant une génératrice, le rayon et sachant que le cylindre est tangent au plan horizontal.

22. Construire l'axe d'un cône de révolution, connaissant deux génératrices SA et SB et sachant que le cône est tangent à un plan horizontal. (On peut construire la génératrice de contact avec le plan horizontal par l'artifice suivant. Soit C un point de cette génératrice. Portons, sur les génératrices données, les longueurs $SA = SB = SC$. La droite AB rencontre le plan horizontal en un point P tel que $\overline{PA} \cdot \overline{PB} = \overline{PC}^2$. On en déduit la construction du point C par l'intersection d'un cercle de centre S avec un cercle de centre P.)

23. Construire une sphère passant par trois points donnés et tangente au plan horizontal. (Le point de contact se construit par un artifice analogue au précédent.)

24. Construire une sphère passant par deux points donnés A et B et tangente aux deux plans de projection. (Le point de contact avec chaque plan de projection se trouve sur un cercle ayant pour centre la trace de AB sur ce plan.)

25. On donne un cercle C dans le plan horizontal et un cercle C′ dans le plan vertical. Construire une sphère orthogonale à ces deux cercles. (Le centre se trouve sur la ligne de terre et dans le plan radical de deux sphères quelconques passant respectivement par les deux cercles donnés.)

26. On donne une sphère, de centre $(0, 90, 90)$ et de rayon 90. Un cylindre a pour base, dans le plan horizontal, un cercle de rayon 75 et de centre $(-35, 75, 0)$. La génératrice issue du point de contact de la base avec la ligne de terre passe par le point (o, 90, 135). Représenter la sphère entaillée par le cylindre.

27. Une sphère a pour rayon 32 et pour centre (— 100, 60, 100). Un cône de révolution, de sommet (— 35, 90, 125), a pour base un cercle de rayon 5o dans le plan horizontal. L'ensemble des deux solides est éclairé par des rayons lumineux de front, venant de gauche et inclinés à 45° sur xy. Représenter les deux solides avec leurs ombres propres, l'ombre portée par la sphère sur le cône et les ombres portées sur le plan horizontal.

28. Un cylindre a pour base, dans le plan horizontal, un cercle de centre (— 35, 90, o) et de rayon 5o. Ses génératrices ont pour paramètres directeurs (1, o, 1). On considère le rayon de la base qui a pour angle polaire 120° et l'extrémité a de ce rayon. Sur la génératrice issue de ce point, on prend le point de cote 105 et l'on considère une sphère tangente en ce point au cylindre et tangente au plan horizontal. Représenter le solide commun.

29. On donne une sphère de centre (o, 100, 100) et de rayon 100 et une surface de vis à filet carré (t. II, n° 619) admettant pour axe le diamètre vertical de la sphère et dont le pas est égal à 70. Une génératrice de cet hélicoïde est la demi-droite de cosinus directeurs (1, o, o) issue du point le plus bas de la sphère. Représenter la sphère entaillée par l'hélicoïde.

CHAPITRE V.

SURFACES DE RÉVOLUTION.

— — — —

EXERCICES RÉSOLUS.

1. *On donne, dans le plan horizontal, un cercle de rayon 12 et de centre* (12, 80, 0) *et, dans le plan vertical, un autre cercle de même rayon et de centre* (18, 0, 20). *On considère la courbe de l'espace qui se projette suivant ces deux cercles. On la fait tourner autour de l'axe vertical qui a pour trace horizontale le point* (0, 80 − 12√3, 0) (*fig.* 16).

Construire ses contours apparents et ponctuer la courbe génératrice.

La courbe génératrice G est une biquadratique, dont la projection horizontale est l'arc de cercle *dce*, limité par la ligne de rappel *dd* tangente au cercle du plan vertical. De même, la projection verticale est l'arc de cercle *c'd'e''*.

La trace horizontale *o* de l'axe se trouve sur la tangente en *b* au cercle du plan horizontal et l'on a

$$bo = 12\sqrt{3} = ab\sqrt{3}.$$

Il en résulte que l'angle *oab* est égal à 60°; comme le point *r* est, d'après les données numériques, au milieu de *ab*, *oa* passe par *d*.

Commençons par construire les points remarquables de la méridienne principale.

Les points les plus hauts et les plus bas sont donnés par les parallèles des points (*f*, *f'*), (*f*, *f''*), (*g*, *f'*), (*g*, *f''*). Les traces de ces parallèles sur le plan de front F de l'axe sont respectivement les points (5, 5'), (5, 9'), (3, 3'), (3, 11') et, bien entendu, leurs symétriques par rapport à *o' z'*. Cherchons les tangentes et les rayons de courbure en ces différents points.

La tangente en (*f*, *f'*) à G coïncide avec la tangente au parallèle qui passe par ce point. On se trouve donc dans le cas d'exception de la détermination du plan tangent (t. II, n° 363). Pour trouver ce plan, appliquons le théorème de Meusnier à la courbe G. Le centre de courbure normale de la courbe considérée comme tracée sur le cylindre C qui la projette horizontalement est le centre (a, a') de la section droite de ce cylindre. Si l'on considère maintenant la courbe comme tracée sur le cylindre C′ qui la projette verticalement, son rayon de courbure normale est donné par la formule d'Euler (t. II, n° 339). La tangente à la section droite du cylindre est parallèle à la ligne de terre; elle fait un angle de 30° avec la tangente à G; on a donc

$$\frac{1}{\rho_1} = \frac{\cos^2 30°}{12} = \frac{3}{4 \times 12} = \frac{1}{16}.$$

Dès lors, le centre de courbure normale se projette verticalement en p', à 16^{mm} au-dessous de f'. L'axe de courbure de G, qui passe par les deux centres précédents, a pour projection verticale $a'\,p'$. Il rencontre l'axe de révolution au point n', qui est le centre de courbure normale de G sur la surface, puisque G est tangente au parallèle (t. II, n° 363). Il suit de là que la normale en 5′ à la méridienne principale est $5'n'$; en menant une perpendiculaire, on a la tangente $5'\,t'$.

Le point 5′ est à la fois le point le plus haut et le plus à droite de la méridienne principale; il en résulte que c'est nécessairement un *point de rebroussement* et le parallèle qu'il engendre est un parallèle de rebroussement (¹).

La tangente en 9′ se déduit de la précédente par symétrie, car le plan horizontal passant par le centre m' du cercle vertical est un plan de symétrie pour G. donc pour la surface.

La tangente à G au point (g, f') est une horizontale projetée horizontalement en go; elle ne coïncide pas avec la tangente au parallèle; donc, le plan tangent en ce point est horizontal. Il en résulte que la tangente en 3′ est parallèle à xy. Cherchons le centre de courbure.

A cet effet, nous allons chercher le rayon de courbure normale correspondant à la tangente go. Ce rayon est le même que le rayon de courbure normale de la courbe G considérée comme tracée sur le cylindre C′. Comme le plan de front ab est un plan de symétrie à la fois pour la courbe et pour ce cylindre, ce rayon de courbure est le même qu'au

---

(¹) Tous les points de ce parallèle sont donc des points singuliers de la surface de révolution. On peut alors objecter que le théorème de Meusnier ne leur est plus applicable et mettre en doute la construction précédente de la tangente. En réalité, on peut admettre la validité de cette construction, en remarquant qu'elle est valable pour un point infiniment voisin.

Fig. 16.

x'
n'
a' f' 3' 5'
b' 2' c' 4' 6'
j' 7'
d' 1' m' t'
e' 8'
p' u'
12' c'' 10'
h' f'' 11' 9'
x o' y
o
F 1 2 3 5 4 6 5
e'
d' g q
b r a m c
e h f

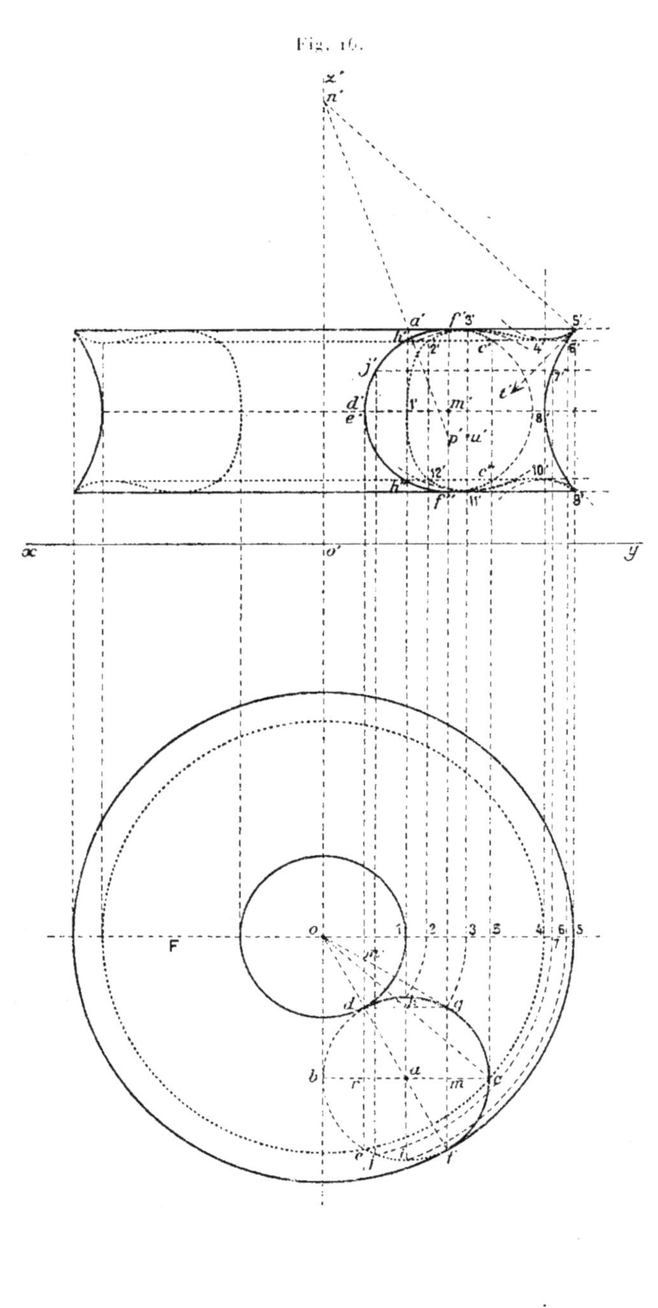

point symétrique (f, f'), soit $f'p'$. Le centre de courbure u' de la méridienne principale au point $3'$ a donc même cote que le point p'. On a tracé une partie du cercle de courbure et l'on a fait de même pour le point symétrique $11'$.

Il y a, sur G, deux autres points à tangente horizontale ; ce sont les points (c, c') et (c, c''), où la tangente est de bout, d'ailleurs distincte de la tangente au parallèle. Le plan tangent en chacun d'eux est horizontal ; donc, les tangentes aux points $4'$ et $10'$ de la méridienne sont parallèles à xy. Cherchons le centre de courbure du point $4'$. Le rayon de courbure est le deuxième rayon de courbure principale. Le premier est infini, car la normale en ce point est parallèle à l'axe et, par conséquent, le rencontre à l'infini. Dès lors, si R désigne le rayon cherché et si r désigne le rayon de courbure normale de G, on a, en vertu de la formule d'Euler et en observant que les tangentes à G et à la méridienne font entre elles un angle $\alpha = \widehat{cos} = \widehat{cob}$, dont la tangente est $\dfrac{2}{\sqrt{3}}$,

$$\frac{1}{r} = \frac{\cos^2 \alpha}{R} = \frac{3}{7\,R};$$

donc, $R = \dfrac{3r}{7}$. Reste à trouver r. Sur C, le centre de courbure normale de G est (a, h') ; sur C', il est à l'infini sur la normale $c'm'$; l'axe de courbure de G est donc la parallèle à $c'm'$ menée par h' ; il rencontre la normale à la surface de révolution en un point symétrique de c'' par rapport à c'. Donc, $r = c'c''$. Finalement, le rayon de courbure de la méridienne au point $4'$ est égal aux $\frac{3}{7}$ de $c'c''$ et dirigé vers le haut. On a tracé la partie utile du cercle de courbure et l'on a fait de même pour $10'$. Cherchons maintenant les points les plus à droite et les plus à gauche de la méridienne principale. Les parallèles maxima et minima sont engendrés par les points (f, f'), (f, f''), (d, d'), (e, e'). Les deux premiers redonnent les points $5'$ et $9'$. Les deux autres donnent respectivement $1'$ et $8'$. En chacun des points (d, d') et (e, e'), la tangente à G est verticale ; il en est de même des tangentes à la méridienne. Le rayon de courbure normale pour C est infini, puisque c'est le rayon de courbure de la génératrice. Comme la surface de révolution est tangente en (d, d') à ce cylindre et, par suite, admet la même normale, elle admet aussi la même courbure normale ; il résulte de là que la méridienne principale a un rayon de courbure infini au point $1'$ [1].

---

[1] Comme ce point n'est pas à visible inflexion, le contact de la courbe avec sa tangente est au moins du troisième ordre (t. II, n° 219). Il serait facile, au moyen de la formule d'Euler, de calculer le rayon de courbure au point $8'$.

Pour bien préciser la courbe, on a encore construit les points $2'$, $6'$ et $7'$, fournis respectivement par (h, h'), (i, h') et (j, j').

Jonction des points. — Partons d'un point quelconque de G. Suivons cette courbe et, chaque fois que nous rencontrons un point ayant donné un point de la méridienne principale, numérotons celui-ci. Observons d'ailleurs que, pour suivre la courbe G, il faut appliquer la méthode indiquée au n° 31 pour la jonction des points dans une intersection de cylindres, les deux cylindres étant ici C et C'.

Partons, par exemple, du point (d, d'), qui donne $(1, 1')$. Le sens de parcours en projection horizontale est imposé par le plan limite; en projection verticale, choisissons le sens des aiguilles d'une montre. Nous rencontrons (h, h'), d'où $(2, 2')$; (g, f'), d'où $(3, 3')$; (c, c'), d'où $(4, 4')$. Nous rebroussons alors chemin en projection verticale et nous rencontrons (f, f'), d'où $(5, 5')$; (i, h'), d'où $(6, 6')$; (j, j'), d'où $(7, 7')$; (e, e'), d'où $(4, 8')$. Nous rebroussons chemin en projection horizontale et nous rencontrons (f, f''), d'où $(5, 9')$; (c, c''), d'où $(4, 10')$. Nous rebroussons chemin en projection verticale et nous rencontrons (g, f''), d'où $(3, 11')$; (h, h''), d'où, $(2, 12')$; nous retombons enfin sur notre point de départ (d, d'), donc sur $(1, 1')$. Il ne reste plus qu'à joindre les points dans l'ordre des numéros.

Ponctuation. — En projection horizontale, la nappe engendrée par l'arc de méridienne $1'\ 2'\ 3'\ 4'\ 5'$ est seule vue. Les parallèles de contour apparent engendrés par $(1, 1')$ et $(5, 5')$ sont donc vus, tandis que le parallèle engendré par $(4, 8')$ est caché. Quant à la courbe G, elle n'a, sur la nappe ci-dessus, que l'arc $(dhcf, d'h'c'f')$, puisque c'est cet arc qui donne naissance à l'arc $1'2'3'4'5'$ de la méridienne. On en conclut que l'arc dhf doit être tracé en trait plein et l'arc fe en pointillé.

En projection verticale, la seule nappe vue est engendrée par $5'8'9'$. Cet arc et son symétrique sont donc les seuls à tracer en trait plein. Nous avons maintenant, pour compléter le contour apparent, les parallèles engendrés par les points $(5, 5')$, $(5, 9')$, $(4, 4')$, $(4, 10')$. Les deux premiers seuls sont vus. Quant à la courbe G, elle a sur la nappe vue l'arc $(fef, f'e'f'')$. L'arc $f'e'f''$ de sa projection verticale est donc seul à tracer en trait plein.

2. *Ombre d'un tore à axe vertical, éclairé par des rayons lumineux à* $45°$ *(fig. 17).*

Le contour apparent horizontal du tore se compose de ses deux parallèles maximum et minimum. Le contour apparent vertical se compose des deux cercles méridiens de front et des deux parallèles le plus haut et le plus bas.

Il s'agit maintenant de construire la courbe d'ombre propre, c'est-à-dire la courbe de contact du cylindre circonscrit dont les génératrices sont parallèles à la direction $(ol, o'l')$. Commençons par construire ses points remarquables.

Points sur les contours apparents. — Sur le contour apparent horizontal, nous avons les points $(5, 5')$, $(13, 13')$, $(22, 22')$, $(30, 30')$, dont les projections horizontales sont les points de contact des tangentes aux deux cercles de contour apparent parallèles à la projection horizontale des rayons lumineux.

Sur le contour apparent vertical, nous avons les points $(3, 3')$, $(24, 24')$, $(32, 32')$, $(11, 11')$, dont les projections verticales sont les points de contact des tangentes aux cercles méridiens de front parallèles à $o'l'$. Sur les parallèles le plus haut et le plus bas, il n'y a évidemment pas de points de la courbe, puisqu'en chaque point de ces parallèles, le plan tangent est horizontal et ne saurait être, par conséquent, parallèle à $(ol, o'l')$.

Parallèles limites. — Ce sont ceux qui passent par les points de contact des rayons lumineux tangents à la section du tore par le plan méridien de symétrie ol. Pour avoir ces points, faisons une rotation amenant ce plan à être de front. La nouvelle direction des rayons lumineux est $(ol_1, o'l'_1)$. Nous menons des tangentes aux méridiens de front parallèlement à cette direction: les points de contact pour le cercle a', par exemple, sont les extrémités c'_1 et d'_1 du diamètre perpendiculaire à $o'l'_1$. Les parallèles passant par ces deux points sont les parallèles limites. Si l'on fait la rotation inverse de la rotation précédente, les points (c_1, c'_1) et (d_1, d'_1) viennent en $(1, 1')$ et $(16, 16')$. On a, de même, les points $(9, 9')$ et $(18, 18')$, au moyen de l'autre cercle méridien ou, plus simplement, en prenant les symétriques des points précédents par rapport au centre (o, o') du tore, qui est évidemment un centre de symétrie pour la courbe.

Nous avons maintenant tous les points remarquables. Comme la courbe à tracer est de forme très compliquée, il est nécessaire d'en chercher d'autres points. Nous pouvons d'abord prendre les symétriques des points sur le contour apparent vertical par rapport au plan méridien de symétrie ol. Nous obtenons ainsi les points situés dans le plan méridien de profil : $(7, 7')$, $(15, 15')$, $(20, 20')$, $(28, 28')$.

Cherchons maintenant les points situés dans le plan horizontal H'. Construisons d'abord les points situés sur le parallèle qui passe par (s, s'). Le cône circonscrit le long de ce parallèle a pour sommet (o, σ'). Par ce point, nous menons la parallèle aux rayons lumineux et nous prenons la trace (u, u') de cette droite sur H'. De ce point, nous menons les tangentes au parallèle considéré. Les points de contact $(21, 21')$ et $(31, 31')$ sont les points cherchés.

Nous avons maintenant, dans le plan H', un second parallèle, qui passe par (l, l'). Le cône circonscrit qui l'admet comme cercle de contact est évidemment parallèle au précédent. Donc, les génératrices de contact des plans tangents à ce cône parallèles aux rayons lumineux sont parallèles aux génératrices analogues du cône précédent. En outre, si on les oriente du sommet vers la base, elles ont des orientations opposées sur les deux cônes. Si l'on remarque enfin que la projection horizontale commune des deux sommets est o, on déduit du point $(21, 21')$ le point $(14, 14')$ et du point $(31, 31')$ le point $(4, 4')$.

Une symétrie par rapport au centre du tore nous donne ensuite les points $(29, 29')$, $(6, 6')$, $(23, 23')$, $(12, 12')$.

Cherchons enfin les points situés dans le plan méridien MN. Par (l, l'), menons une parallèle aux rayons lumineux et une perpendiculaire à MN; elles percent respectivement MN au point (o, o') et en un point projeté horizontalement en c et ayant même cote que l'. Il faut maintenant mener aux cercles méridiens du plan MN des tangentes parallèles à la droite joignant ces deux points, ce qui se fait au moyen d'une rotation amenant MN à être de front. Le point (o, o') ne bouge pas; c vient en c_1, qui se rappelle en c'_1, sur $l'l'_1$. Nous menons alors les diamètres des cercles méridiens de front perpendiculaires à $o'c'_1$ et nous faisons faire à leurs extrémités la rotation inverse de la précédente. Le point (w_1, w'_1), par exemple, nous donne, de la sorte, le point $(2, 2')$ et l'on construit de même $(25, 25')$, $(33, 33')$, $(10, 10')$.

Une symétrie par rapport au plan vertical ol nous donne ensuite les points $(16, 16')$, $(27, 27')$, $(19, 19')$, $(8, 8')$.

Nous avons maintenant suffisamment de points pour tracer la courbe avec une exactitude convenable. Toutefois, nous allons encore construire, à titre d'exemple, les tangentes aux points $5'$, $13'$, $22'$, $30'$ de la projection verticale, en appliquant le théorème de Dupin (n° 58).

Commençons par le point $(5, 5')$. La tangente en ce point est le diamètre conjugué de la direction des rayons lumineux par rapport à l'indicatrice d'Euler. Pour faire la construction, amenons le point considéré en (e, o'), par une rotation, afin que le plan tangent soit de front et que les figures que nous devons y tracer se projettent verticalement en vraie grandeur. Les rayons de courbure principaux sont $f'o'$ et $f''b'$; ils sont de même sens; donc, l'indicatrice est une ellipse. Prenons comme unité de longueur $f'o'$: nous avons le demi-grand axe de cette ellipse. Le demi-petit axe a pour longueur $\sqrt{f'b'}$ ou, en rendant homogène (t. II, n° 3), $\sqrt{f'b'.f'o'}$. On construit cette longueur par une moyenne proportionnelle, soit $f'g$, que nous reportons ensuite en $o'h$. Dans la position actuelle, la direction des rayons lumineux a pour projection verticale $o'l'_1$. Nous construisons son diamètre conjugué par rapport à l'ellipse dont les demi-axes sont $o'f'$ et $o'h$. Cette construction se fait au moyen du cercle principal (t. II. n° 539). On construit le rabattement $o'i_1$ de $l'_1o'i$, en se servant du point i de $f'h$, qui se rabat sur la droite à 45° menée par f'. Puis, on abaisse la perpendiculaire $f'j_1$ sur $o'i_1$; on la relève en $f'j9$ et l'on fait enfin la rotation qui ramène la figure en place. Le point f' vient en 13', de sorte que $913'$ est précisément la tangente en 13'. la tangente en 5' lui étant parallèle.

Pour construire la tangente au point (22, 22'), nous procédons d'une manière analogue. Cette fois. les rayons de courbure principaux sont $k'o'$ et $k'b'$. Ils sont de sens contraires; donc, l'indicatrice est une hyperbole. Si l'on prend $k'o'$ pour unité de longueur et pour demi-axe transverse, la valeur absolue de l'axe non transverse est moyenne proportionnelle entre $k'o'$ et $k'b'$, soit $k'm$. Les asymptotes de l'hyperbole sont donc $o'm$ et la droite symétrique par rapport à $o'z'$. Construisons la droite $o'q$ conjuguée harmonique de $l'_1o'n$ par rapport à ces deux asymptotes (en portant $np = pq$ parallèlement à la seconde asymptote; t. II, n° 132); nous obtenons la direction de la tangente cherchée. Il ne reste plus maintenant qu'à faire la rotation ramenant la figure en place, au moyen du point (r_1, r'_1), par exemple, qui vient en (r, r'). Finalement, les tangentes en 22' et 30' sont parallèles à $o'r'$.

Jonction des points. — Partons d'un point d'un parallèle limite, par exemple du point (1, 1'). Imaginons qu'on balaie le tore d'une manière continue par un parallèle variable et numérotons les points rencontrés, en ne prenant chaque fois qu'un seul point, choisi de manière que le méridien qui le contient tourne toujours dans le même sens, par exemple dans le sens des aiguilles d'une montre en projection horizontale. Nous rencontrons ainsi successivement les points 1, 2, ..., 15, 16 et le point 17 se confond avec le point de départ. Nous avons donc obtenu une courbe fermée. Mais, il nous reste encore des points non numérotés, qui sont sur les parallèles de rayon inférieur à $o'a'$. Partons du point 18 et procédons comme précédemment (on a tourné cette fois dans le sens inverse en projection horizontale). Nous rencontrons successivement les points 18, 19, ..., 32, 33 et le point 34 coïncide avec le point de départ. Nous avons maintenant épuisé tous les points et la ligne d'ombre se compose finalement de deux courbes fermées, situées respectivement sur la nappe extérieure et sur la nappe intérieure du tore.

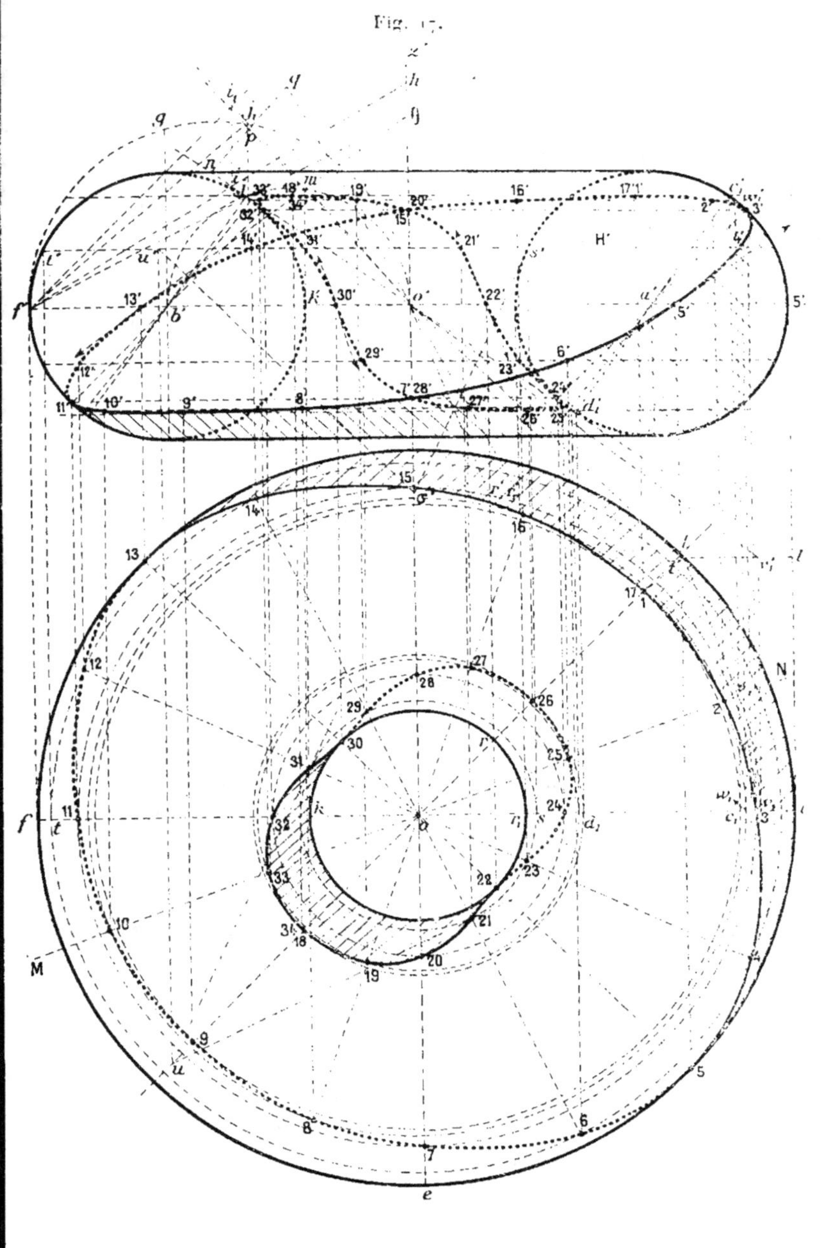

Fig. 17.

Ponctuation. — En projection horizontale, les points vus sont ceux qui sont au-dessus du plan de l'équateur, c'est-à-dire dont la projection verticale est au-dessus de $f'o'$. On en déduit immédiatement que les arcs vus sont 13 1 5 et 22 18 30.

En projection verticale, les points vus sont ceux qui se trouvent à la fois sur la nappe extérieure du tore et en avant du plan méridien de front. On en conclut d'abord que la plus petite des deux courbes est cachée, puisqu'elle est sur la nappe intérieure. Quant à la grande, ceux de ses points qui sont vus ont leur projection horizontale en avant de fol_1; ils constituent l'arc $3'4'\ldots 11'$.

Hachures. — Prenons, par exemple, le point $(l, 5')$. Si on le fait tourner, en même temps que les rayons lumineux, pour l'amener en $(l_1, 5'_1)$, on reconnaît tout de suite qu'il est dans l'ombre, car le rayon lumineux qui passerait par ce point rencontre auparavant le tore. Toute la région qui comprend ce point et qui est limitée à la courbe d'ombre propre est donc dans l'ombre. Pour bien se représenter cette région, il est commode d'imaginer un demi-plan méridien variable qui balaie le tore, en partant, par exemple, du demi-plan ol. On obtient, dans chaque position, un cercle méridien, dont un arc est éclairé et l'autre dans l'ombre; ces deux arcs sont séparés par les points de rencontre du demi-plan considéré avec la courbe d'ombre propre; on les distingue aisément, en suivant simplement la projection horizontale de cette dernière courbe et se rappelant, au départ, que l'arc 1 l26 est dans l'ombre. On voit ainsi qu'en projection horizontale, il faut mettre des hachures entre 13 1 5 et le grand cercle de l'équateur et entre 22 18 30 et le petit cercle de l'équateur. Si l'on regardait le tore par le dessous, on ne verrait, au contraire, de la lumière qu'entre 30 26 22 et le petit cercle de l'équateur et entre 5 9 13 et le grand cercle de l'équateur. Mais, au point de vue des hachures de la projection horizontale, cela ne nous intéresse pas.

En projection verticale, il faut mettre des hachures dans toute la région qui est au-dessous de l'arc $3'4'\ldots 11'$.

3. *On considère un paraboloïde de révolution à axe vertical. On le coupe par le plan horizontal $a'b'$ et par le plan de front ab et l'on conserve la portion de surface qui est au-dessous du premier plan et en arrière du deuxième. Un disque circulaire se trouve dans le plan horizontal $a'b'$ et a pour centre le point (O, O') tel que $aO = ao$. Le tout est éclairé par des rayons lumineux à 45°. Les surfaces étant supposées infiniment minces et opaques, on demande de les représenter en figurant les ombres (fig. 18).*

Les régions non éclairées du paraboloïde sont limitées, d'une part,
par les ombres portées par le bord parabolique et par le bord demi-
circulaire, d'autre part par l'ombre portée par le disque circulaire. Il
n'y a pas à s'occuper de la courbe d'ombre propre, qui n'est séparatrice
que pour la surface extérieure et non pour la surface intérieure (¹), qui
est la seule vue dans l'épure actuelle.

Ombre portée par le bord parabolique. — Elle est limitée par la
courbe d'intersection du paraboloïde avec le cylindre parallèle aux
rayons lumineux et s'appuyant sur l'arc de parabole aab, $a'o'b'$.
Les deux surfaces étant du second degré et ayant une première conique
commune, le reste de leur intersection est une autre conique, qui coupe
la première aux deux points de contacts des deux quadriques (t. II,
n° 491, IV). L'un de ces deux points est le point à l'infini sur la verticale; l'autre est le point (d, d') de la méridienne principale où la tangente est à 45°. Il s'ensuit que la conique cherchée est une parabole à
axe vertical et passant par le point (d, d'). Il nous suffit d'en chercher
un nouveau point pour que son plan soit déterminé. Construisons, par
exemple, le point qui se trouve sur la génératrice du cylindre issue du
point (a, a'). Nous appliquons la méthode générale du n° 64, c'est-à-dire
que nous coupons par le plan projetant verticalement cette droite. La
conique de section se projette horizontalement suivant un cercle, dont
le centre est la trace horizontale du diamètre conjugué du plan sécant
par rapport au paraboloïde. Or, ce diamètre n'est autre que la verticale $(d, d'i')$. Donc, le centre du cercle est d. Comme (a, a') est déjà
l'un des points d'intersection, ce cercle passe par a. Il rencontre la droite
à 45° menée par a au point i, situé sur la ligne de rappel de d. Donc, le
point cherché est (i, i'). Il suit de là que le plan de notre parabole est
le plan de profil passant par d.

L'arc $(ad, a'd')$ de la méridienne principale est le seul qui soit rencontré en premier lieu par les rayons lumineux, comme on le voit aisément sur la projection horizontale. Donc, l'ombre que porte cette méridienne sur l'intérieur du paraboloïde se réduit à l'arc de parabole projeté
suivant les deux segments de droites $(di, d'i')$.

Ombre portée par le bord demi-circulaire. — En raisonnant comme

---

(¹) D'une manière générale, si l'on considère un fragment de surface concave
éclairé par une source lumineuse extérieure, les régions infiniment voisines de la
courbe d'ombre propre, prises du côté interne de la surface, ne sont pas éclairées,
car le rayon lumineux passant par un point d'une telle région est arrêté soit par le
point lui-même pris du côté externe, soit par un point infiniment voisin, se trouvant
par rapport au premier, du côté d'où vient la lumière.

tout à l'heure, on voit que cette ombre est limitée par une conique, rencontrant le cercle aux deux points de ce dernier où le plan tangent est parallèle aux rayons lumineux. On pourrait construire ces deux points par la méthode générale du cône circonscrit (n° 56). On peut aussi procéder comme il suit.

Faisons une rotation autour de l'axe du paraboloïde amenant le rayon $(oe, \sigma'e')$ à être de front, en $(oe_1, \sigma'e'_1)$. Le plan diamétral conjugué des rayons lumineux est alors un plan de profil passant par le milieu g'_1 de la corde $a'f'_1$ parallèle à $\sigma'e'_1$. Ce plan coupe le plan horizontal $a'b'$ suivant une droite de bout projetée verticalement au point h'_1. Faisons maintenant la rotation inverse; cette droite de bout devient une horizontale projetée horizontalement en jhk. Les points j et k sont les points cherchés. Le premier appartient seul au demi-cercle non enlevé; c'est pourquoi on l'a seul rappelé verticalement en j'.

Menons maintenant $a'f'_1$ parallèle à $\sigma'e'_1$. Le point (f_1, f'_1) est, après la rotation, le point le plus bas de notre conique. La rotation inverse l'amène en (f, f'). La projection horizontale de la conique est, dès lors, le cercle jfk.

On peut obtenir ce cercle d'une autre manière. Observons d'abord que la conique passe par le point déjà construit (i, i'). Considérons maintenant le rayon lumineux qui passe par le point (l, l'). Comme ce point appartient à l'ombre portée par la méridienne principale, le rayon considéré perce le paraboloïde en un point de cette méridienne, dont on a immédiatement la projection horizontale en m. Le rayon issu du point l_1 donnerait un point analogue, qui est évidemment symétrique de m par rapport à d. On en conclut que le cercle jfk a son centre sur id; comme il passe par i et m, il est entièrement déterminé [1].

L'arc ij est seul utile, car il correspond à l'arc aj, qui seul est rencontré le premier par les rayons lumineux.

La projection verticale de cet arc ij est un arc d'ellipse $i'j'$. Il ne serait pas difficile de construire deux diamètres conjugués de cette ellipse, car on connaît un point à tangente horizontale f'; on construirait l'autre de la même manière que le premier et l'on aurait le diamètre conjugué des cordes horizontales. Quant au diamètre horizontal, sa projection horizontale est la parallèle à jk menée par ω; sa projection verticale passe par le milieu du diamètre déterminé précédemment; on construirait ses extrémités en coupant par un plan horizontal. Mais, pratiquement, toutes ces constructions sont inutiles, étant donnée la petitesse de l'arc

---

[1] Des propriétés qui viennent d'être mises en évidence, on peut conclure que ce cercle est symétrique du cercle ajb par rapport à jk.

utile $i'j'$. Bornons-nous simplement à chercher les tangentes aux extrémités de cet arc.

La tangente en i' est $a'i'$, car cette droite est contour apparent vertical du cylindre dont nous prenons l'intersection avec le paraboloïde.

Pour la tangente en j', appliquons la méthode des normales. La normale au paraboloïde passe par le point (o, p'), obtenu en portant la sous-normale $q'p'$ égale, comme on sait (t. II, n° 543), au paramètre $d'o$ de la parabole méridienne. La normale au cylindre de révolution qui projette horizontalement l'ellipse est l'horizontale $(jn, j'n')$. La droite $(on, p'n')$ est une frontale du plan des normales; donc, la tangente cherchée est perpendiculaire à $p'n'$.

Ombre portée par le disque circulaire. — Il s'agit de construire l'intersection du cylindre parallèle aux rayons lumineux ayant pour base ce disque avec le paraboloïde.

Commençons par chercher les points remarquables.

Observons d'abord que le plan méridien oO est un plan de symétrie pour chacune des deux surfaces, donc pour leur intersection. En projection horizontale oO est un axe de symétrie. On peut aisément construire ses sommets. Il suffit, pour cela, de chercher les points de rencontre du paraboloïde avec les deux génératrices issues des points (A, A') et (B, B'). Pour la première, par exemple, la section par le plan de bout $A'x'$ se projette horizontalement suivant le cercle de centre d et de rayon $d\alpha$; ce cercle rencontre Ao en deux points, dont un seul est utile, à savoir le point 1, qui se rappelle en $1'$, sur $A'\alpha'$. On construit de même le point $(7, 7')$. Dans l'espace, les tangentes en ces points sont perpendiculaires au plan de symétrie. En projection horizontale, elles sont perpendiculaires à Oo; en projection verticale, elles sont horizontales.

Cherchons maintenant les points sur le contour apparent horizontal du cylindre. Les génératrices qui constituent ce contour apparent ont même projection verticale que les génératrices précédemment considérées; donc, nous utilisons les mêmes plans auxiliaires. Le cercle 73, par exemple, rencontre la génératrice issue de D au point 4, qui se rappelle en $4'$. On a le point $(10, 10')$ par symétrie par rapport au plan méridien Oo. La tangente en 4 est $D4$. Pour avoir la tangente en $4'$, appliquons encore la méthode des normales. La normale au cylindre est l'horizontale $(4x, 4'x')$; la normale au paraboloïde passe par le point ε' tel que $4'\varepsilon' = d'o$. Une frontale du plan normal a pour projection verticale $\varepsilon'x'$; la tangente en $4'$ lui est perpendiculaire. Le point $(10, 10')$ n'appartenant pas à la partie utile de la courbe, on n'a pas construit sa tangente.

Cherchons maintenant les points sur le contour apparent vertical du cylindre. Pour la génératrice issue de (F, F'), par exemple, nous coupons par le plan de bout F'φ' et nous obtenons, en projection horizontale, le cercle de centre d et de rayon $d\varphi$; ce cercle rencontre FH au seul point utile 6, qui se rappelle en 6'. La tangente en 6' est F'6'; la tangente en 6 est la tangente au cercle φ6, car le plan auxiliaire F'φ' est surface limite pour le cylindre; son intersection avec le paraboloïde est donc tangente à l'intersection du cylindre et du paraboloïde (n° 7).

On peut construire de même le point (11, 11').

Cherchons encore les points situés sur les génératrices issues des points H et G. On utilise le plan auxiliaire déjà considéré $a'c'$ et le cercle de centre d et de rayon dc donne les points 3 et 9, qui se rappellent en 3' et 9'. Il est à remarquer que ces points sont les symétriques de (11, 11') et de (6, 6'); on aurait donc pu les déduire de ces derniers ou *vice versa*.

Nous avons encore construit les points (2, 2') et (12, 12') situés sur les génératrices issues des points I et J où la circonférence du disque rencontre le parallèle supérieur du paraboloïde. En projection horizontale, les points 2 et 12 se trouvent sur le cercle jfk; ils se rappellent sur les projections verticales des génératrices.

Comme exemple de construction de la tangente en un point quelconque, construisons la tangente en (2, 2'). Nous employons toujours la méthode des normales. La normale au paraboloïde rencontre l'axe en s' tel que $r's' = d'\delta$. La normale au cylindre a une projection horizontale $2t$ perpendiculaire à l'horizontale tu du plan tangent. Pour construire sa projection verticale, nous déterminons une frontale $(vw, v'w')$ de ce plan et nous menons $2'u'$ perpendiculaire à $v'w'$. Il nous reste à mener maintenant, par (2, 2'), la perpendiculaire au plan des deux normales. En projection verticale, nous menons la perpendiculaire à la frontale $s't'$ et, en projection horizontale, nous menons la perpendiculaire à l'horizontale ou.

Construisons enfin un point quelconque par la méthode générale du n° 65. Nous coupons par le cylindre ayant pour base le parallèle de centre (o, M'). La base de ce cylindre dans le plan du disque est un cercle égal au parallèle et ayant pour centre (N, N'). Elle coupe la circonférence du disque au point (K, K'), par exemple. La génératrice issue de ce point rencontre le parallèle en (5, 5'), d'abord construit en projection verticale.

Nous avons maintenant assez d'éléments pour construire les deux projections de l'ombre portée par le disque. La jonction des points ne présente aucune difficulté; il suffit de suivre la circonférence du disque,

Fig. 18

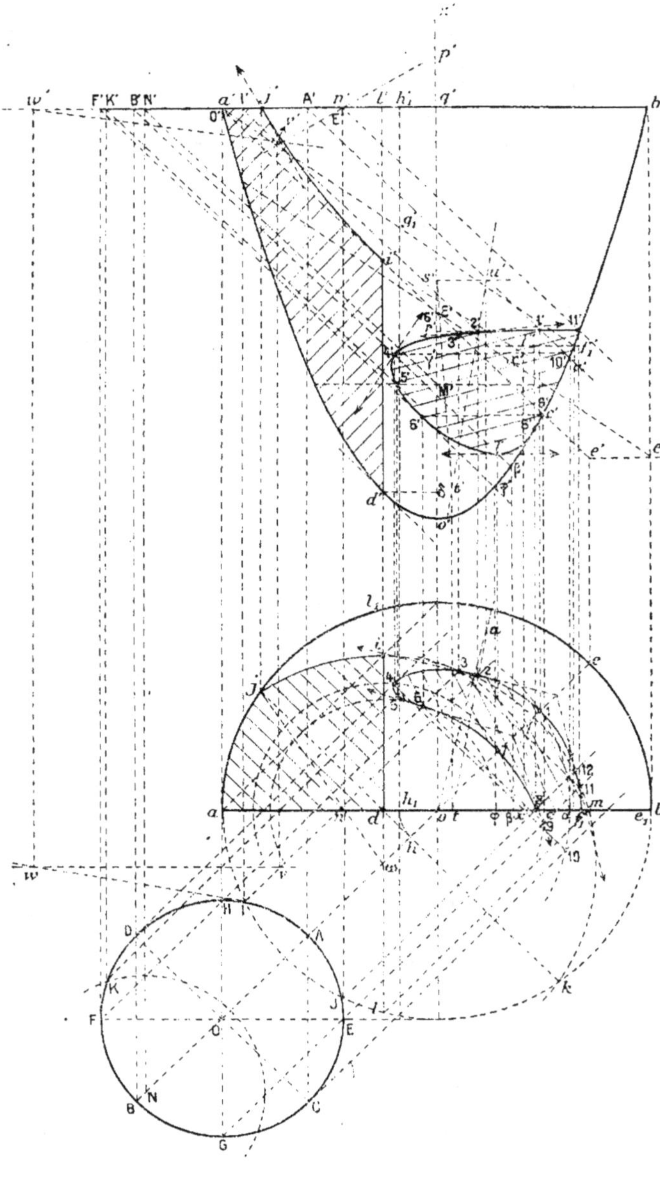

en numérotant les ombres portées par les points successifs A, 1,
II, ..., J, A. En projection horizontale, la courbe doit être arrêtée à *ab*.
Les points d'arrêt se rappellent sur la méridienne principale.

Ponctuation et hachures. — Tout est vu dans les deux projections.
Quant aux hachures, il faut en mettre à l'intérieur de l'ombre portée par
le disque et à l'intérieur du quadrilatère curviligne (*adij*, *a'd'i'j'*).

*4. Dans le plan de front ao, on donne un segment hyperbolique,
limité par la corde H'G'. En tournant autour de son axe a'o', il
engendre un segment d'hyperboloïde à deux nappes. Un cylindre de
révolution a pour axe (oQ, o'Q') et passe par le milieu (i, i') de la
corde H'G'. Représenter le solide commun (fig. 19).*

Nous allons tout de suite construire l'intersection des deux surfaces
par la méthode générale du n° 66, c'est-à-dire en coupant par des
sphères de centre (o, o'). Commençons, comme d'habitude, par chercher
les points remarquables.

Nous avons une *sphère limite*, qui a pour rayon le rayon du cylindre.
Elle est inscrite dans le cylindre le long du parallèle CD et coupe
l'hyperboloïde suivant le parallèle AB. Les projections verticales de ces
deux parallèles se rencontrent en 3'. Pour avoir la projection horizontale
des points correspondants, nous coupons la sphère par le plan horizontal
qui passe par 3' et nous obtenons un cercle de rayon EF, qui se projette
horizontalement en vraie grandeur, suivant un cercle de centre o. Ce
cercle rencontre la ligne de rappel de 3' en 3 et 7, qui sont les points
cherchés.

La tangente au point (3, 3'), par exemple, est la tangente au parallèle AB, d'après le théorème des surfaces limites (n° 7). En projection
verticale, c'est donc la droite AB. Pour avoir la projection horizontale,
nous construisons l'intersection du plan de bout AB avec le plan tangent
à la sphère en (3, 3'). A cet effet, coupons par le plan horizontal s't'. Il
coupe le plan AB suivant la droite de bout t't. Il coupe la frontale (3s,
3's') du plan tangent à la sphère (3's' est perpendiculaire à o'3') au
point (s, s'); par ce point, nous menons st perpendiculaire à o3 et nous
avons l'intersection du plan auxiliaire avec le plan tangent à la sphère.
Cette droite rencontre la droite de bout précédente au point t qui, joint
à 3, donne la tangente cherchée.

Les méridiennes principales se rencontrent en un seul point utile :
le point (5, 5'). La tangente en 5 est perpendiculaire à la ligne de
terre. La tangente en 5' s'obtient par la méthode habituelle des
normales (n° 67). Les points de rencontre des normales aux deux

surfaces avec leurs axes respectifs sont p' et q'; la tangente en $5'$ est perpendiculaire à $p'q'$.

La droite $p'q'$ est l'axe de courbure de la courbe de l'espace; elle rencontre la normale au cylindre projetant horizontalement la courbe au centre de courbure (r, r') de la section droite de ce cylindre; de sorte que r est le centre de courbure de la projection horizontale au point 5 (n° 67). On a tracé la partie du cercle de courbure qui avoisine 5.

Cherchons maintenant *les points situés sur le parallèle* H'G', qui limite le segment d'hyperboloïde. Il suffit d'appliquer la méthode générale, en prenant la sphère auxiliaire qui contient ce parallèle. On obtient le parallèle IJ sur le cylindre, qui rencontre H'G' au point $1'$, pratiquement situé sur la ligne de rappel de o'. En coupant la sphère par un plan horizontal, on obtient un cercle dont on reporte le rayon $1'V$, de part et d'autre de o, sur la ligne de rappel de ce point. On a ainsi les projections horizontales 1 et 9 des points cherchés.

Construisons la tangente en $(1, 1')$. La normale au cylindre est $(1\,u, 1'u')$; la normale à l'hyperboloïde est $(1\,v, 1'v')$, le point v' ayant été construit au moyen de la normale en H' à l'hyperbole méridienne. En projection verticale, la tangente en $1'$ est perpendiculaire à $u'v'$. Pour la projection horizontale, nous déterminons une horizontale $(vw, v'w')$ du plan normal, en coupant par le plan horizontal du point (v, v'). [On n'a pas coupé par le plan horizontal du point $(1, 1')$, comme il a été indiqué au n° 66, parce que cela aurait donné une construction en dehors des limites de l'épure.] La tangente en 1 est perpendiculaire à vw. La tangente en 9 s'en déduit par symétrie par rapport à oa.

Nous avons maintenant trois points et leurs tangentes en projection verticale: comme celle-ci est une conique (n° 68), elle est plus que déterminée. Nous allons néanmoins chercher ses directions asymptotiques et, s'il y a lieu, ses asymptotes.

Pour avoir les directions asymptotiques, circonscrivons à la sphère limite de tout à l'heure un cône parallèle au cône asymptote de l'hyperboloïde. A cet effet, il suffit de mener au contour apparent de la sphère des tangentes $h'l'$ et $g'm'$ respectivement parallèles aux asymptotes $a'c'$ et $a'b'$. Les directions asymptotiques cherchées sont les diagonales $h'g'$ et $l'm'$.

Pour avoir l'asymptote parallèle à $g'h'$, par exemple, nous prenons les diamètres conjugués de cette direction par rapport aux deux méridiennes principales. Pour le cylindre, nous avons l'axe. Pour l'hyperboloïde, nous avons la droite $a'j'$, qui passe par le milieu du segment déterminé par $a'b'$ et $a'c'$ sur $g'h'$. Ces deux droites se rencontrent en k'. Par ce point, nous menons la parallèle à $g'h'$ et nous avons la première asymptote. La deuxième se construit d'une manière analogue.

Nous pouvons maintenant construire, à la manière habituelle (n° **141**), l'arc d'hyperbole $1'5'$.

Nous pouvons ensuite en déduire les points sur les contours apparents horizontaux, qui seraient difficiles à déterminer directement.

Les génératrices de contour apparent horizontal du cylindre ont même projection verticale que l'axe. Cette projection ne rencontre pas l'arc d'hyperbole précédemment tracé; donc, il n'y a pas de points sur le contour apparent horizontal du cylindre.

Le contour apparent horizontal de l'hyperboloïde est une hyperbole, dont le plan, diamétral conjugué des cordes verticales, est un plan de bout, ayant pour trace verticale la droite $a'd'$, conjuguée harmonique des cordes verticales par rapport aux asymptotes $a'b'$ et $a'c'$.

Cette droite rencontre l'arc d'hyperbole $1'5'$ au point $2'$, pratiquement et fortuitement situé sur la ligne de rappel de o'. Pour avoir la projection horizontale des points correspondants, nous considérons le parallèle LK du cylindre, dont la projection verticale passe par $2'$, et la sphère auxiliaire qui contient ce parallèle. Nous coupons cette sphère par le plan horizontal du point $2'$ et il ne nous reste plus qu'à porter la longueur $2'M$, sur la ligne de rappel, de part et d'autre de o; nous obtenons ainsi les points 2 et 8.

Les tangentes en ces points sont celles de l'hyperbole de contour apparent (n° **2**). On les a construites (elles n'ont pas été reportées sur la figure) au moyen des asymptotes de cette dernière courbe. Quant à ces asymptotes, elles sont l'intersection du cône asymptote avec le plan de bout $a'd'$. La trace de ce plan sur le plan de bout $H'G'$, pris pour plan de base du cône, est une droite de bout, de trace verticale e'. En rabattant le plan de base autour du diamètre de front, on a, en e_1, le rabattement de la trace d'une des génératrices cherchées. En portant $se = sf = e'e_1$ et joignant ae et af, on a les asymptotes du contour apparent horizontal de l'hyperboloïde.

Pour préciser la forme de la courbe en projection horizontale, on a encore construit les points 4 et 6, en partant de leur projection verticale commune $4'$. On a déterminé les éloignements $x4$ et $x6$, en considérant la section droite du cylindre, supposée rabattue autour du diamètre de front CD. La distance NP donne les éloignements en question.

On peut maintenant tracer avec exactitude la courbe 1, 2, 3, ..., 8, 9. La jonction des points ne présente aucune difficulté, si l'on s'aide de la projection verticale.

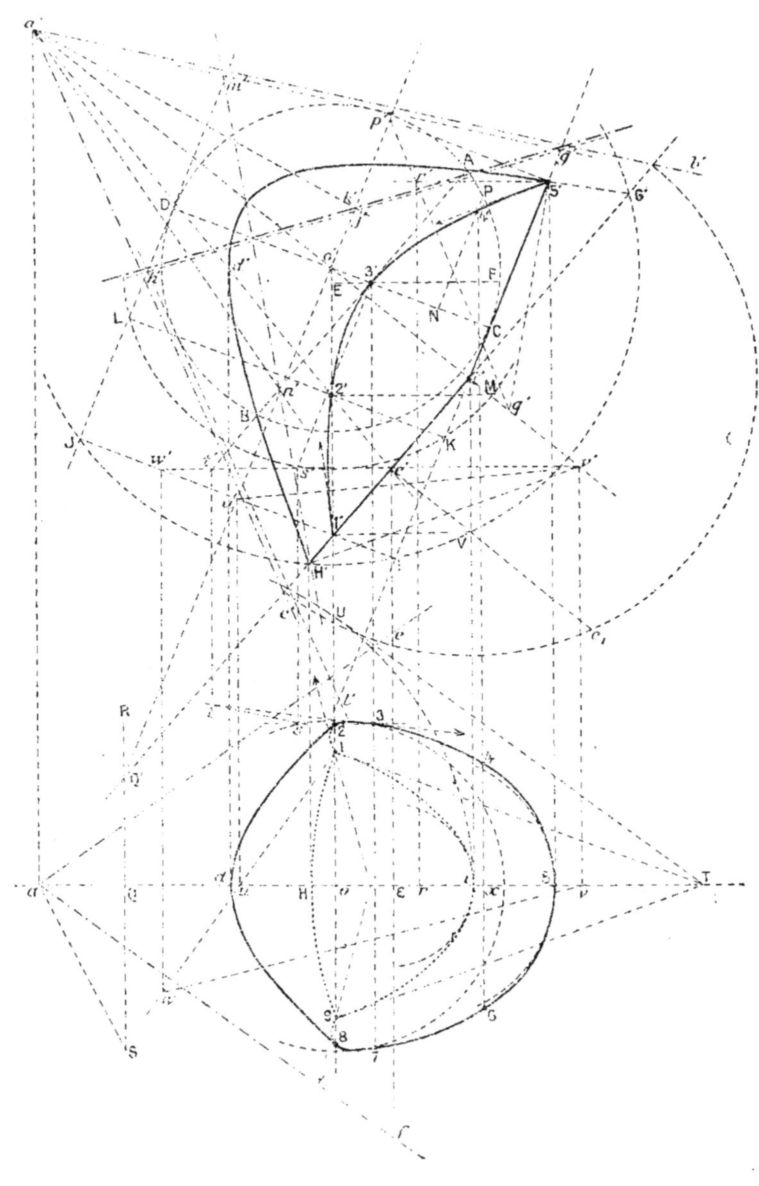

Fig. 19.

On a ensuite construit l'arc $2d8$ de l'hyperbole de contour apparent horizontal, au moyen des asymptotes précédemment déterminées et du point d.

Il reste enfin à construire la section du solide commun par le plan de bout $H'G'$. La projection verticale est le segment $i'H'$. En projection horizontale, on a deux arcs d'ellipses.

Le premier $1i9$ provient de la section du cylindre. Il a pour centre le point Q et pour petit axe RS égal au diamètre du cylindre. On a construit les tangentes $1T$ et $9T$, au moyen du cercle homographique (t. II, n° 539). On a construit également le cercle de courbure en i, au moyen de la formule $R = \dfrac{b^2}{a}$ (t. II, n° 532).

Le deuxième arc d'ellipse $1H9$ provient du parallèle de l'hyperboloïde. Il a pour centre i et un grand axe égal à $H'G'$. On a construit le cercle de courbure en H et l'on a constaté qu'il passait pratiquement par 1 et 9. Il peut donc remplacer l'arc d'ellipse.

Ponctuation. — En projection verticale, tout est vu. On ne conserve, du contour apparent du cylindre, que le segment $i'5'$.

En projection horizontale, les arcs 12, 89, $1H9$, $1i9$ sont cachés à la fois sur les deux solides. donc sur le solide commun. L'arc 258 est, au contraire. vu, parce qu'il est vu sur l'hyperboloïde. Le contour apparent du cylindre est entièrement enlevé; celui de l'hyperboloïde est limité à l'arc $2d8$.

5. *Solide commun à deux tores à axes verticaux, ayant en commun un cercle méridien de front* (*fig.* 20).

L'intersection complète de deux tores quelconques est une courbe du seizième degré. Chacune des deux surfaces admet le cercle de l'infini comme cercle double (t. II, n° 389); cette ligne doit donc être comptée quatre fois dans l'intersection (chaque nappe du premier tore coupe chaque nappe du deuxième tore suivant ce cercle); elle tient lieu, par conséquent, d'une courbe du huitième degré. Le reste de l'intersection constitue donc aussi une courbe du huitième degré. Dans le cas particulier actuel, cette courbe comprend déjà le cercle méridien commun. Comme les deux surfaces se raccordent le long de ce cercle, il doit être compté deux fois (t. II, n° 489), c'est-à-dire comme une courbe du quatrième degré. En définitive, il reste seulement à construire une courbe du quatrième degré. Cette courbe doit d'ailleurs se projeter horizontalement et verticalement suivant une conique, parce que le plan des équateurs et le plan des axes en sont des plans de symétrie. Nous

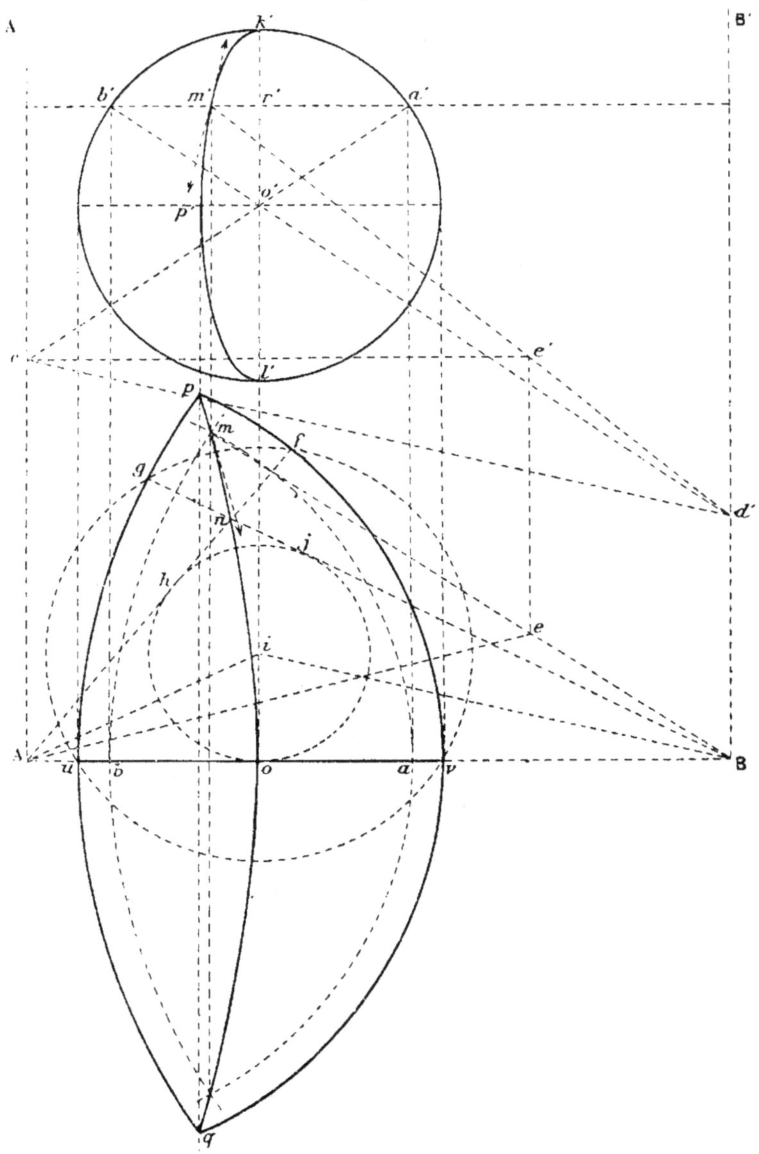

Fig. 20.

allons le vérifier, d'une manière élémentaire, sur la construction d'un point quelconque.

Coupons par un plan horizontal $a'b'$. Nous obtenons deux parallèles sur chaque tore. Il faut les associer de manière qu'ils se coupent en des points réels et n'appartenant pas au méridien commun. Une seule combinaison convient; c'est celle des cercles de rayons Aa et Bb, qui donnent le point (m, m') et le point symétrique par rapport au plan des axes.

Construisons la tangente en (m, m'), par la méthode des normales. Le plan des axes coupe le plan normal suivant la frontale $(AB, c'd')$; donc, la tangente en m' est perpendiculaire à $c'd'$. Si nous coupons maintenant le plan normal par le plan horizontal $c'e'$, nous obtenons une droite projetée horizontalement en Ae; donc, la tangente en m est perpendiculaire à Ae.

Montrons maintenant que le lieu du point m' est une ellipse, de grand axe $k'l'$. Appelons a et b les distances Ao et Bo. Écrivons que le point m' a même puissance par rapport aux deux parallèles :

$$(a - r'm')^2 - (a + r'b')^2 = (b + r'm')^2 - (b + r'b')^2;$$

d'où

$$\frac{r'm'}{r'b'} = \frac{b - a}{b + a}.$$

Il suit de là que le lieu de m' est une ellipse, dont le cercle homographique est le cercle méridien commun aux deux tores.

En vérité, la moitié de gauche de cette ellipse convient seulement, l'autre moitié constituant une branche virtuelle, obtenue en associant les deux autres parallèles.

Cherchons maintenant le lieu du point m. Nous avons

$$mB - mA = Bb - Aa = Bo - Ao.$$

Donc, le lieu de m est une branche d'hyperbole, de foyers A et B et d'axe transverse égal à $b - a$. En réalité, l'arc poq seul convient, le reste de l'hyperbole étant constitué par des branches virtuelles.

On peut arriver au même résultat, en construisant un point quelconque en coupant par une sphère contenant le cercle méridien commun (n° 69). En projection horizontale, le contour apparent de cette sphère est un cercle passant par u et v et ayant pour centre un point quelconque i de oo'. Cette sphère coupe le premier tore suivant un deuxième cercle méridien symétrique du premier par rapport au plan vertical Ai, qui est un plan de symétrie pour le tore et pour la sphère. Ce deuxième cercle méridien se projette horizontalement sur la droite Af. De même, la sphère coupe le deuxième tore suivant un cercle méridien projeté sur Bg. Ces deux cercles se rencontrent en deux points symétriques par rapport au plan des équateurs et projetés horizontalement en n.

Pour trouver le lieu de ce point n, considérons le cercle de centre i et de rayon io. Il est inscrit dans le triangle nAB, puisque An, par exemple, est symétrique de Ao par rapport à Ai. On a, dès lors,

$$n\,\text{B} - n\,\text{A} = j\,\text{B} - h\,\text{A} = o\,\text{B} - o\,\text{A} = b - a,$$

ce qui démontre une nouvelle fois que le lieu de n est une hyperbole.

Ponctuation. — Tout est vu dans chaque projection. Des contours apparents, il ne reste que les arcs de cercles pcq et puq.

EXERCICES PROPOSÉS.

1. Une surface de révolution a pour axe la verticale dont la trace horizontale a pour coordonnées (o, 150, o). La courbe génératrice est un cercle, situé dans un plan de profil, de rayon 40 et de centre (80, 190, 50). Construire les contours apparents de cette surface.

2. On reprend l'axe précédent; mais, la courbe génératrice est une ellipse, située dans le plan de bout qui passe par les points (120, o, o) et (o, o, 120) et dont la projection horizontale est un cercle, de rayon 50 et de centre (60, 180, o). Construire les contours apparents. Construire le point qui a pour projection horizontale (70, 140, o) et celui qui a pour projection verticale (90, o, 50). Construire les plans tangents en ces deux points.

3. On reprend l'axe précédent. La courbe génératrice est une parabole, située dans un plan de front d'éloignement 80 et dont la projection verticale admet le point (o, o, 10) pour point à tangente horizontale et le point (— 60, o, 70) pour point à tangente verticale. Construire les contours apparents, ainsi que la section par le plan : $z - x = 70$.

4. Un tore a pour axe la droite

$$z - x = 100, \qquad y = 130.$$

Son cercle générateur a pour rayon 40 et pour centre (80, 130, 40). Construire ses contours apparents, ainsi que son ombre propre, en le supposant éclairé par des rayons lumineux parallèles à la ligne de terre et venant de droite.

5. Un tore a pour axe la verticale qui passe par le point (o, 110, o).

Son cercle générateur a pour rayon 45 et pour centre le point (60, 110, 70). Représenter ce tore, en le supposant éclairé par le point (— 105, 110, 150).

6. Un ellipsoïde de révolution a pour axe la droite

$$2z — x = 200, \qquad y = 60.$$

Son centre a une abscisse nulle; l'axe porté par l'axe de révolution a pour longueur 200; le rayon de l'équateur est 50. Représenter cet ellipsoïde, en le supposant éclairé par les rayons à 45° habituels.

7. Même question pour un paraboloïde, admettant l'axe précédent et tangent au plan horizontal en un point d'abscisse — 50.

8. Même question pour un hyperboloïde à deux nappes, admettant toujours le même axe, admettant le plan horizontal de cote 100 pour plan asymptote et dont l'axe transverse a pour longueur 80.

9. On reprend l'ellipsoïde du n° 6. Construire ses points brillants pour un observateur à l'infini sur une verticale ou sur une droite de bout. (On appelle *point brillant* pour un observateur donné tout point tel que le rayon qui se réfléchit sur la surface, en admettant ce point pour point d'incidence, aille passer par l'œil de l'observateur. Si la source lumineuse et l'observateur sont à l'infini, on connaît la direction de la normale et, par conséquent, du plan tangent en un tel point.)

10. Construire la section d'un tore à axe vertical par un de ses plans bitangents de bout. Déduire de la construction d'un point quelconque une démonstration élémentaire du théorème de Villarceau (t. II, n° 389). Démontrer que la projection horizontale de chacun des deux cercles qui constituent l'intersection admet pour foyer la trace horizontale de l'axe.

(Soit m' la projection verticale d'un point de l'intersection. On pourra calculer ses coordonnées, dans le plan sécant, en fonction du demi-angle au centre correspondant à la corde déterminée, dans le cercle méridien de front, par le plan horizontal auxiliaire ayant servi à construire m'. Pour démontrer que la trace de l'axe est foyer, il suffit de chercher les axes d'une des ellipses et de calculer ensuite sa distance focale.)

11. Un tore à axe vertical admet pour rayons des cercles de l'équateur R et 3R. Construire sa section par un plan de front d'éloignement R et démontrer que cette section est une lemniscate de Bernoulli (t. II, n° 377).

12. On coupe une quadrique de révolution à axe vertical par un plan quelconque. Construire les points de la section dont la tangente passe par un point donné, soit en projection horizontale, soit en projection verticale. [On peut se ramener à une section plane de cône à base horizontale circulaire, en considérant le cône qui s'appuie sur la section .et qui a pour sommet un ombilic de la quadrique (*cf*. n° 64).]

13. On donne un ellipsoïde de révolution à axe vertical. Construire un plan passant par une droite donnée et coupant cet ellipsoïde suivant une ellipse semblable à une ellipse donnée (*cf*. Chap. IV, Exercice proposé n° 18).

14. Trouver une sphère passant par un cercle donné et tangente au plan horizontal (intersection d'une droite et d'un paraboloïde de révolution; *cf*. Chap. IV, Exercice proposé n° 23).

15. Construire le lieu des centres des sphères passant par deux points donnés et tangentes au plan horizontal (section plane d'un paraboloïde de révolution). On peut en déduire, d'une manière élémentaire, que la projection horizontale d'une telle section est un cercle (*cf*. Chap. IV, Exercice proposé n° 24).

16. On donne un ellipsoïde de révolution, dont l'axe est vertical et perce le plan horizontal au point (0, 100, 0). Les sommets situés sur cet axe ont pour cotes 0 et 200. Le rayon de l'équateur est 65. On mène la tangente à la méridienne principale, dont les paramètres directeurs sont (1, 0, 2) et dont le point de contact a une abscisse négative. Cette tangente est une génératrice d'un cône dont le sommet a pour cote 200 et dont la base dans le plan horizontal est un cercle ayant pour centre la trace de l'axe de l'ellipsoïde. Représenter le cône entaillé par l'ellipsoïde. (Il y a un point double, dont on pourra construire les tangentes. On pourra aussi construire les asymptotes des branches virtuelles, en remarquant que le plan horizontal est déjà un plan de section homothétique.)

17. Un paraboloïde de révolution a pour sommet et foyer les points (0, 150, 0) et (0, 150, 60). On en conserve seulement une calotte limitée au plan horizontal de cote 60. Dans ce plan, on décrit un cercle sur le rayon de front et de gauche du parallèle comme diamètre. Ce cercle est opaque, ainsi que la surface de la calotte. Le tout est éclairé par des rayons à 45°. Représenter l'ombre.

18. Intersection d'une quadrique de révolution à axe vertical avec un cône à base horizontale circulaire et dont le sommet est un des ombilics

de la quadrique. (L'intersection comprend les génératrices isotropes du cône, donc une autre conique.)

19. On reprend l'ellipsoïde du n° 16. Un disque elliptique opaque est situé dans un plan vertical et a pour sommets les points (— 75, 120, 120) et (— 5, 190, 120): en outre, son petit axe a pour longueur 70. Le tout est éclairé par les rayons habituels à 45°. Représenter l'ellipsoïde avec ses ombres. (Remarquer que le cylindre limitant l'ombre portée par le disque a une base horizontale circulaire.)

20. On reprend toujours le même ellipsoïde. Un cône a pour sommet le point le plus en avant de l'équateur et pour base un cercle déduit de cet équateur par la translation (65, 0, — 100). Représenter l'ellipsoïde entaillé par le cône.

21. Un paraboloïde de révolution a pour sommet et foyer les points (0, 100, 150) et (0, 100, 120). Un cylindre a pour base, dans le plan horizontal, le cercle de centre (— 65, 130, 0) et de rayon 80. Ses génératrices sont parallèles à la droite qui joint le centre de la base au point (0, 100, 105). Représenter le paraboloïde entaillé par le cylindre et limité aux deux plans de projection.

22. Deux cônes de révolution ont leurs axes parallèles à la ligne de terre. Leurs sommets respectifs ont pour coordonnées (— 80, 140, 140) et (0, 140, 170) et leurs angles au sommet sont respectivement égaux à 60° et 120°. On les limite par le plan de profil d'abscisse 80. Représenter le solide commun. (La projection verticale est une parabole, dont on pourra construire le sommet, en partant de la construction de la tangente en un point quelconque et cherchant à déterminer le plan sécant auxiliaire pour que cette tangente soit horizontale, ce qui peut se faire en observant que la condition ainsi imposée fait connaître le rapport des rayons des deux parallèles.)

23. Un cône de révolution à axe vertical a pour sommet le point (30, 150, 200) et pour demi-angle au sommet 40°. Une sphère, de rayon 60, a pour centre le point (— 90, 150, 150). Le tout est éclairé par des rayons lumineux de paramètres directeurs (1, 0, — 1). Représenter l'ombre portée par la sphère sur le cône.

24. Une sphère a pour rayon 80 et pour centre (0, 90, 90). Un cône de révolution a pour sommet (— 80, 90, 230). Son axe passe par le point (25, 90, 90). Une de ses génératrices est la tangente non verticale menée par son sommet au cercle de contour apparent vertical de la sphère. Représenter le cône entaillé par la sphère et limité aux deux

parallèles qui passent par les points où la deuxième génératrice de front du cône rencontre le contour apparent vertical de la sphère. (E. C., 1895.)

25. Une sphère a pour rayon 80 et pour centre (0, 100, 100). Un cône de révolution contient le diamètre vertical de cette sphère; il est, en outre, tangent à la sphère à l'extrémité du rayon dont les paramètres directeurs sont (— 1, 0, 1). Le tout est éclairé par les rayons habituels à 45°. Représenter l'ensemble des deux solides, en ne gardant du cône que la nappe inférieure limitée à la sphère.

26. Un cône de révolution à axe vertical a pour sommet (— 10, 100, 210) et pour trace horizontale un cercle de rayon 80. Un ellipsoïde de révolution allongé a pour axe la perpendiculaire à la génératrice de front et de gauche du cône menée par le point (— 10, 100, 80). Son centre est à une distance de ce dernier point égale à 25 et à gauche. Les longueurs des axes de l'ellipse méridienne sont 220 et 120. Représenter l'ensemble des deux solides, en supprimant les parties de l'ellipsoïde extérieures aux deux plans tangents de bout du cône. (E. C., 1896.)

27. Un paraboloïde de révolution a pour sommet et foyer les points (70, 55, 150) et (70, 55, 93). Un cône de révolution admet pour section méridienne la parallèle à la ligne de terre menée par le sommet du paraboloïde et une verticale d'abscisse — 50. La courbe d'intersection de ces deux surfaces sert de directrice à un second cône ayant même sommet que le paraboloïde. Représenter le solide commun aux deux cônes, en les limitant par le plan horizontal de cote 96. (E. P., 1896.)

28. Un tore à axe vertical a un cercle générateur de rayon 60. Les tangentes communes intérieures des deux cercles méridiens de front sont rectangulaires. Le parallèle inférieur a pour cote 15 et le point le plus en arrière a pour éloignement 15. Parmi les quatre points de contact des tangentes communes précédentes, on choisit celui qui est le plus élevé et le plus à droite comme centre d'une sphère tangente extérieurement au cercle méridien de gauche. Représenter le tore entaillé par la sphère.

29. Un hémisphère repose par sa base sur le plan horizontal; son rayon est 100 et son centre a pour coordonnées (0, 100, 0). Un tore à axe vertical a pour centre (0, 170, 51); les cercles de l'équateur ont pour rayons 21 et 119. Représenter l'hémisphère entaillé par le tore. (E. C., 1878. La sphère est bitangente au tore et le coupe, par conséquent, suivant deux cercles.)

30. Un tore a pour centre le point (o. 120, 120). Les paramètres directeurs de son axe sont (2. o, 1). Les cercles de l'équateur ont pour rayons 40 et 120. Une sphère contient le cercle méridien de front le plus bas; son centre a pour éloignement 150. Représenter le tore entaillé par la sphère.

31. Par le point O (— 40, 110, 200), on mène une verticale et une droite de paramètres directeurs (2, o, — 1). On fait tourner successivement autour de ces deux droites un cercle situé dans leur plan, de centre C (20, 110, 50) et de rayon 40. On obtient ainsi deux tores. Représenter le premier entaillé par le second. (La projection verticale de l'intersection est une ellipse; on peut le démontrer élémentairement, à partir de la construction du point courant, en calculant l'équation par rapport à deux diamètres conjugués, dont l'un est CO et l'autre parallèle à la droite joignant m' au milieu de la corde interceptée par la sphère auxiliaire sur le cercle générateur.)

32. On donne un losange ABCD, dans le plan horizontal de cote 30. Le côté AB est dans le plan vertical; la diagonale AC issue du sommet le plus à gauche a pour longueur 200 et la diagonale BD a pour longueur 120. Le losange, en tournant autour de AC, engendre un double cône. Le cercle qui passe par C, D et par le centre du losange engendre un tore, en tournant autour de AB. Représenter le double cône entaillé par le tore et limité au plan horizontal. (E. P., 1878.)

33. Un tore à axe vertical a pour centre le point (o, 135, 50). Les parallèles maximum et minimum ont pour rayons 130 et 40. Un cône a pour sommet (o. 135. 135) et pour directrice la section du tore par le plan de profil qui passe à 85 à droite de l'axe. Représenter le tore entaillé par le cône (E. C., 1896). — (Le reste de l'intersection est sur la sphère inverse du plan de base du cône par rapport au sommet de ce cône, la puissance d'inversion étant celle qui transforme le tore en lui-même. On est donc ramené à une intersection de sphère et de tore.)

34. Un tore à axe vertical a pour centre (o, 120, 80). Le centre de son cercle générateur décrit un cercle de rayon 80. Le rayon de son parallèle maximum est 130. Un cône de révolution a pour sommet (80, 200, 80). Son axe est de bout et son angle au sommet est droit. Représenter le tore entaillé par le cône. (Couper par des sphères passant par le cercle méridien qui admet pour axe l'axe du cône.)

35. On coupe un tore à axe vertical par le cylindre circonscrit le long d'un cercle méridien de front. Démontrer que la projection horizontale de l'intersection est une parabole admettant pour foyer la trace horizontale o de l'axe du tore et pour sommet la projection horizontale du centre du cercle méridien. (Couper par un plan horizontal et montrer que la distance mo est égale à la distance de m à la directrice.)

36. Construire une droite s'appuyant sur deux droites données et faisant avec elles des angles donnés. (On cherche d'abord la direction de la droite, au moyen de l'intersection de deux cônes de révolution de même sommet.)

CHAPITRE VI.

SURFACE GAUCHE DE RÉVOLUTION.

EXERCICES RÉSOLUS.

1. *On donne une surface gauche de révolution, de centre (o, o'), à axe vertical et dont les génératrices sont inclinées à 45° sur le plan horizontal. Un cône de révolution a son sommet (s, s') sur la tangente au cercle de gorge parallèle à la ligne de terre et de plus grand éloignement. Son axe est la tangente à ce cercle au point le plus à droite. Sa base dans le plan de front F qui contient l'axe de l'hyperboloïde est un cercle A' double du cercle de gorge. En supposant que l'hyperboloïde est plein à l'intérieur du cercle de gorge, représenter le solide commun, en le limitant au plan de front qui passe par le point le plus en arrière du cercle de gorge et au plan symétrique par rapport au sommet du cône (fig 21).*

Nous avons affaire à deux surfaces de révolution ; mais, leurs axes ne sont pas dans un même plan. Pour construire un point quelconque, nous prendrons l'intersection d'une génératrice de l'hyperboloïde avec le cône ou, ce qui revient au même, nous couperons par un plan auxiliaire passant par le sommet du cône et par une génératrice quelconque de l'hyperboloïde (n° **82**).

Considérons, par exemple, la génératrice qui passe par le point (B, B') du cercle de gorge et par le point (D, D') pris sur le parallèle II, lequel a été déterminé au moyen du point (3, 3') d'une génératrice de front. Cherchons la trace du plan (sBD, s'B'D') sur le plan de base F du cône. Cette trace contient d'abord la trace (E, E') de la génératrice ; en outre, elle est parallèle à la frontale (sG, s'G') ; sa projection verticale est donc E'K'L' parallèle à s'G'. Elle rencontre le cercle A' aux deux points K' et L'. Les génératrices s'K' et s'L' du cône rencontrent B'D' aux points 2' et 10", qui appartiennent à la projection verticale de l'intersection et qui se rappellent en 2 et 10, sur BD.

Construisons, par exemple, la tangente au point (10, 10"), en prenant l'intersection des plans tangents. Pour construire cette intersection, nous coupons par le plan auxiliaire F. Le plan tangent au cône est coupé suivant la tangente L't' à la base A'. Le plan tangent à l'hyperboloïde est déterminé par les génératrices (BD, B'D') et (MN, M'N') issues du point (10, 10"). Prenons leurs traces (E, E') et (N, N') sur F : la droite E'N' est la projection verticale de la trace du plan tangent à l'hyperboloïde. Elle rencontre la trace du plan tangent au cône en t', qui se rappelle en t. La tangente cherchée est la droite ($10t$, $10''t'$).

Points remarquables. — Nous avons d'abord les points sur les contours apparents horizontaux, en coupant par le plan du cercle de gorge. Nous obtenons seulement les points 1 et 4, qui se rappellent en 1' et 4'. Dans l'espace, les tangentes en ces points sont verticales ; elles se conservent en projection verticale ; mais, en projection horizontale, nous nous trouvons dans le cas d'exception (n° 1) et il nous faut prendre, pour chaque point, la trace horizontale du plan osculateur. A cet effet, nous appliquons le théorème de Meusnier (n° 6).

Pour le point (1, 1'), le centre de courbure normale est (b, b') relativement à l'hyperboloïde. C'est le centre de courbure de l'hyperbole méridienne en son sommet et l'on sait que le rayon de courbure en ce point est égal au demi-axe transverse (t. II, n° 532) ; donc b' est symétrique de o' par rapport à 1'. Le centre de courbure normale relativement au cône est le point de rencontre (c, s') de la normale avec l'axe. La droite (bc, $b's'$) est l'axe de courbure de la courbe d'intersection. Le plan osculateur, qui lui est perpendiculaire, a donc une trace horizontale perpendiculaire à bc ; telle est la direction de la tangente en 1.

Si l'on prend l'intersection de l'axe de courbure précédent avec la normale au cylindre projetant verticalement la courbe, on obtient le point (b, b') ; b' est le centre de courbure de la projection verticale en 1' (n° 67).

Procédons de même au point (4, 4'). Le centre de courbure normale pour l'hyperboloïde est projeté horizontalement en d, symétrique de o par rapport à 4. Le centre de courbure normale pour le cône est projeté horizontalement en a, car $4a$ est perpendiculaire à 4 1. L'axe de courbure a pour projection ad. La tangente en 4 est perpendiculaire à cette droite et le point e' est le centre de courbure de la projection verticale en 4'.

Les points sur le contour apparent vertical de l'hyperboloïde sont à l'intersection du cercle A' avec l'hyperbole méridienne. Un calcul facile de géométrie analytique montre que l'abscisse de ces points par rapport à o' est égale au double du rayon du cercle de gorge ; cela permet leur construction exacte et très simple (la droite $6'6''$ est perpendiculaire au milieu du rayon qui aboutit au point le plus à droite de A'). Les tangentes en ces points sont celles de l'hyperbole méridienne; elles ont des directions symétriques de $o'6'$ et de $o'6''$ par rapport à la direction des asymptotes.

Les points $(3, 3')$, $(3, 3'')$, $(7, 7')$, $(7, 7'')$ sont donnés par l'intersection des génératrices issues du point (f, o') avec le cercle A'' concentrique à A' et de rayon double.

Les points 8 et 12 ont été construits par l'intersection de la droite kl avec l'hyperbole qui constitue la projection horizontale et dont nous allons tout à l'heure indiquer la détermination des asymptotes. On a appliqué la construction du n° 541 du tome II, en se servant du point 4 comme point déjà connu. Des lignes de rappel donnent ensuite $8'$, $8''$, $12'$, $12''$, sur le cercle A''.

Les points $(5, 5')$, $(5, 5'')$, $(11, 11')$, $(11, 11'')$ ont été obtenus en coupant par le plan de profil de (s, s') et rabattant ensuite ce plan sur le plan du cercle de gorge, la charnière étant par conséquent l'axe du cône. Les génératrices du cône se rabattent suivant les génératrices de contour apparent horizontal sh, sl. Une génératrice de l'hyperboloïde se rabat suivant la droite fa, inclinée à $45°$ sur as. Les points V et XI sont les rabattements des points $(5, 5')$ et $(11, 11')$, dont le relèvement est évident. L'autre génératrice de l'hyperboloïde donnerait les points symétriques $(5, 5'')$ et $(11, 11'')$.

Cherchons enfin les points situés dans le plan de profil du point $(1, 1')$. Considérons une des génératrices issues de ce point et coupons par le plan qui la contient, en même temps que (s, s'). La parallèle à cette génératrice menée par (s, s') perce le plan de front F au point (a, w'), tel que $s'w' = sa = s'o'$. La trace du plan auxiliaire sur F est $1'w'$; elle rencontre A' au point x'. La génératrice $s'x'$ rencontre la verticale de $1'$ au point $9''$, qui est la projection verticale d'un des points cherchés. La projection horizontale 9 s'obtient en portant $1\,9 = 1'9''$. L'autre génératrice issue du point $(1, 1')$ donnerait le point symétrique $(9, 9')$.

Asymptotes. — Nous pouvons remplacer l'hyperboloïde par son cône asymptote (n° 9). Cherchons d'abord les directions asymptotiques, en construisant l'intersection du cône proposé avec le cône de même sommet parallèle au cône asymptote de la surface gauche. A cet effet, nous coupons les deux cônes par une sphère ayant pour centre leur sommet commun (n° 66), par exemple, par la sphère qui contient le cercle A'. Le rayon de cette sphère est $s1$. En le reportant en $s'm'$ sur une droite à $45°$, puis menant l'horizontale du point m', nous avons la projection verticale d'un des parallèles suivant lesquels le second cône est coupé

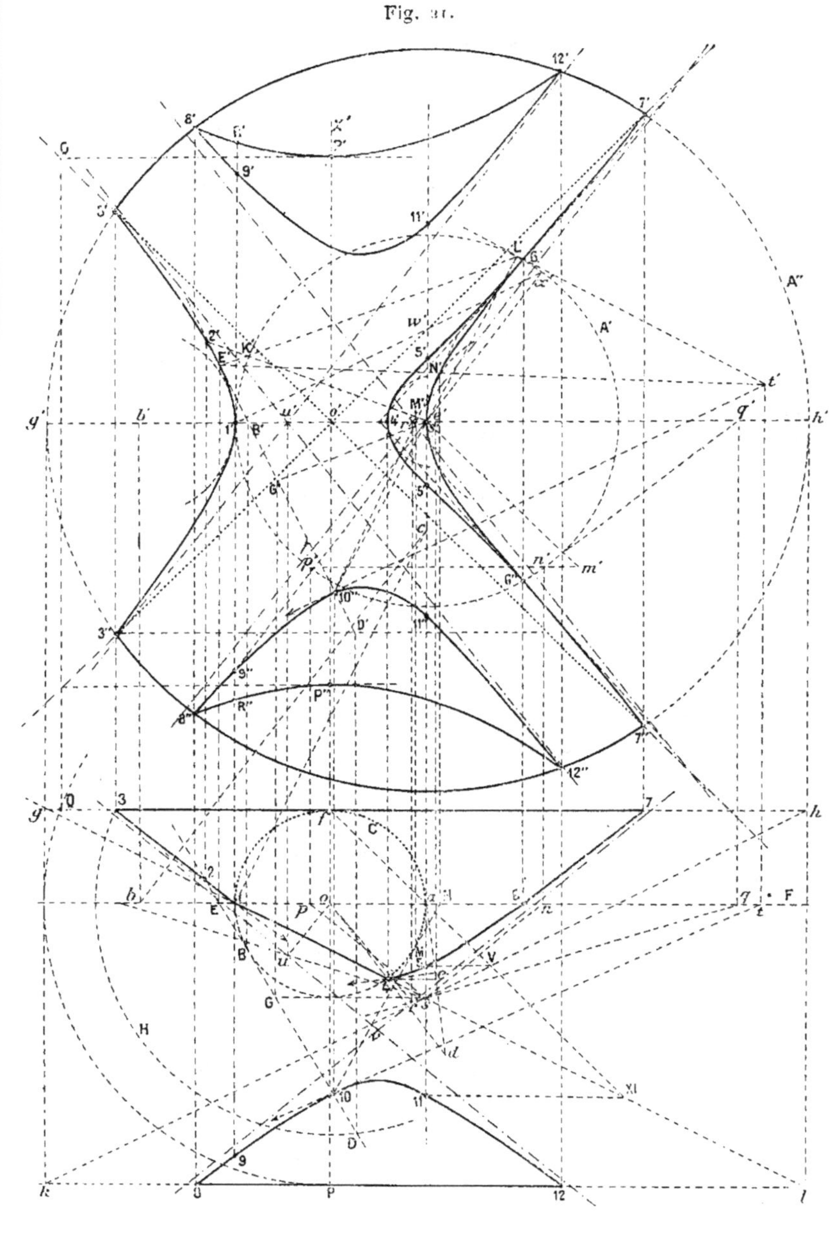

Fig. 31.

par la sphère auxiliaire. Cette droite rencontre A' en n' et p' qui se rappellent en n et p, sur F. Finalement, les droites $(sn, s'n')$ et $(sp, s'o')$ sont deux des directions asymptotiques cherchées, les deux autres étant symétriques des premières par rapport au plan horizontal.

Cherchons l'asymptote correspondant à la direction $(sn, s'n')$. C'est l'intersection des plans tangents au cône proposé et au cône asymptote le long des génératrices parallèles à cette direction. Pour construire cette intersection, coupons par le plan de gorge. La tangente en (n, n') à la base du cône donné perce ce plan en (q, q'); en joignant $(sq, s'q')$, on a la trace du premier plan tangent sur le plan de gorge. Quant à la trace du plan tangent au cône asymptote, c'est évidemment la perpendiculaire $(or, o'r')$ menée par (o, o') à la direction horizontale projetée en sn. Elle rencontre la première trace en (r, r'). En menant, par ce point, une parallèle à $(sn, s'n')$, nous avons l'asymptote cherchée.

On détermine de même, au moyen du point (u, u'), l'asymptote parallèle à $(sp, s'p')$. Les deux autres asymptotes sont symétriques des deux premières par rapport au plan de gorge.

Degrés des projections. — La courbe de l'espace est une biquadratique. Elle admet le plan de gorge pour plan de symétrie, puisque ce plan est plan de symétrie pour chacune des deux surfaces. Il suit de là que la projection horizontale est du second degré, donc une hyperbole, puisqu'elle possède deux asymptotes. Quant à la projection verticale, c'est une courbe du quatrième degré, admettant $o's'$ comme axe de symétrie.

Jonction des points. — Elle ne présente aucune difficulté, en partant de la projection horizontale. A l'arc 3 2 1, correspond $3'1'3''$; l'arc 1 4 (non tracé sur la figure) est virtuel; l'arc 4 5 6 7 donne $7'4'7''$; enfin, à l'arc 8 9 10 11 12, correspondent les deux arcs $8'9'12'$ et $8''9''12''$.

Sections par les plans de front limites. — La section par le plan gh se compose de deux génératrices pour l'hyperboloïde et du cercle A'' pour le cône. On ne doit conserver que la portion de chacune de ces sections qui est intérieure à l'autre, à savoir les segments $3'o'7''$ et $3''o'7'$ et les arcs de cercle $3'8'7'$ et $3''8''7''$. (Remarquer que les angles situés dans la partie solide de l'hyperboloïde sont $3'o'7'$ et $3''o'7''$.)

La section par le plan kl se compose des deux arcs de cercle $8'12'$ et $8''12''$ pour le cône et des deux arcs d'hyperbole $8'P'12'$ et $8''P''12''$ pour la surface gauche. [Les sommets P' et P'' ont été obtenus en construisant les projections verticales des deux points de l'hyperboloïde projetés horizontalement en P (n° 80, I). On a construit aussi les points R' et R″, en portant $\iota'R' = \iota'R″ = o$P. Enfin. les asymptotes sont les mêmes que pour la méridienne principale. c'est-à-dire $\overline{7}'o'3″$ et $\overline{7}″o'3'$. Elles ont permis de construire les tangentes (non reportées sur la figure) aux points 8', 8″, 12', 12″.]

Ponctuation. -- En projection horizontale, toute la courbe est vue, parce que la partie qui est au-dessus du plan de gorge est certainement vue sur le cône. Il en est de même pour les projections 3 7 et 8 12 des arcs de cercles des plans limites.

On ne conserve des contours apparents que le segment 1 4 du cône et l'arc $1f4$ du cercle de gorge. Ce dernier est d'ailleurs caché. (Le cercle de gorge d'une surface gauche à axe vertical n'est vu que lorsque cette surface est creuse, contrairement à l'hypothèse actuelle.)

En projection verticale, les arcs 8'12', 8″12″, 6'4'6″ sont en avant du plan F; il sont donc vus sur l'hyperboloïde et. par suite, sur le solide commun. L'arc 3'1'3″ serait caché à la fois sur les deux solides. si ceux-ci étaient conservés en entier. Mais, il devient vu sur le cône quand on enlève la partie de la nappe antérieure qui est intérieure à l'hyperboloïde. Il en va de même pour les arcs 6'7' et 6″7″. Finalement, toute la courbe est vue en projection verticale.

Les arcs de cercle et l'hyperbole du plan kl le sont évidemment aussi.

Dans le plan gh, les arcs de cercle 3'8', 3″8″. 7'12', 7″12″ sont seuls vus; les segments de génératrices 3'7″ et 3″7' sont cachés.

On ne conserve du contour apparent de la surface gauche que l'arc 6's'6″ de la méridienne principale, qui est intérieur au cercle A'; il est vu. (Il serait, au contraire, caché, si l'hyperboloïde était creux.)

Une fois la ponctuation terminée, on peut se rendre compte que le solide représenté se compose de trois morceaux. Deux appartiennent à la nappe antérieure du cône et sont symétriques l'un de l'autre par rapport au plan de gorge. Le troisième appartient à la nappe postérieure du cône.

II. *Soit un cube, dont une face* ($abcd$, $a'b'c'd'$) *est de front. L'arête* (ab, $a'b'$) *est verticale. Le sommet* (a, a'), *qui est le plus bas, le plus à gauche et le plus en avant, a pour coordonnées* (o, 36. 36). *L'arête du cube a pour longueur* 20.

On fait tourner autour de (ab, $a'b'$) *la diagonale de la deuxième face de front du cube qui se projette verticalement suivant* a'c'. *On obtient ainsi un hyperboloïde* H. *On fait ensuite tourner autour de* (bd, $b'd'$) *l'arête de cette deuxième face qui se projette verticalement suivant* c'd'. *On obtient un hyperboloïde* H'. *Représenter le solide commun, en le limitant aux plans horizontaux de cotes* 4 *et* 68 *(on suppose que chaque hyperboloïde est plein dans la région qui comprend son axe) (fig. 22).*

La perpendiculaire commune à l'axe et la génératrice donnée de H a pour pieds sur ces deux droites (a, a') et (e, a'). Le cercle de gorge se projette donc horizontalement suivant le cercle de centre a et de rayon ae et verticalement sur l'horizontale $a'd'$. La méridienne principale est une hyperbole équilatère ayant pour asymptotes les projections verticales $a'h'$ et $a'h''$ des génératrices de front. Le demi-axe transverse est $a'd'$.

Les deux plans horizontaux qui limitent la surface sont équidistants du plan de gorge. En prenant la trace (h, h') d'une des génératrices de front sur le plan inférieur, par exemple, on a un point du parallèle suivant lequel ce plan coupe H. Le parallèle du plan supérieur est symétrique du premier par rapport au plan de gorge et a, par conséquent, la même projection horizontale. Les traces (g, g'), (g, g''), (H, H'), (H, H'') de ces deux parallèles sur le plan de front ac donnent les points extrêmes de la méridienne principale. La tangente en g', par exemple, a été construite au moyen de la normale $g'k'$, le point k' étant le point de rencontre de l'axe avec la perpendiculaire en h'' à $a'h''$ (cette perpendiculaire est la trace du plan normal à une quelconque des génératrices de front de projection verticale $a'h''$). On aurait pu aussi la construire en se servant des asymptotes.

La perpendiculaire commune à l'axe et à la génératrice donnée de H' a pour pieds sur ces deux droites (d, d') et (f, d'). Le cercle de gorge se projette verticalement sur la droite $d'D'$ perpendiculaire à $d'b'$. Son rayon df est égal au rayon du cercle de gorge précédent, de sorte que les deux hyperboloïdes sont égaux. Pour faire les constructions relatives à H', il sera commode de prendre comme plan horizontal auxiliaire de projection le plan de son cercle de gorge. Si l'on prend comme plan vertical le plan de front des axes, la ligne de terre sera xy pour H et x_1y_1 pour H'. Dans le deuxième système, le cercle de gorge de H' se projette horizontalement suivant le cercle de centre d' et de rayon $d'a'$.

Le contour apparent vertical de H' est sa méridienne principale, c'est-à-dire une hyperbole équilatère admettant pour asymptotes $d'c'$ et $d'a'$ et pour demi-axe transverse $d'D'$. Elle rencontre les plans horizontaux limites aux points (L, L') et (M, M'), symétriques l'un de l'autre par rapport à (d, d'). Pour construire L', par exemple, le plus simple eût été de construire (t. II, n° 541) le point de rencontre de l'hyperbole méridienne, définie par ses asymptotes et son sommet D', avec la droite $g'H'$, qui est parallèle à une des asymptotes. A titre d'exercice, nous avons indiqué une autre construction, qui consiste à chercher le point de rencontre de l'hyperboloïde avec la droite $(gH, g'H')$, qui a déjà son point à l'infini en commun avec la surface. Suivant la méthode indiquée au nº **80**, IV, coupons par le plan contenant cette droite et la génératrice parallèle ($3''2''$, $d'a'$). Prenons la trace de ce plan sur le plan de gorge, en utilisant le deuxième système de projection. La trace de $g'\mathrm{II}'$ a ses deux projections confondues en I', sur x_1y_1. La trace de la génératrice est le point (J_1, d') du cercle de gorge. La trace du plan auxiliaire est donc ($\mathrm{I'J}_1$. $\mathrm{I'}d'$). Elle rencontre le cercle de gorge en un point de projection horizontale K_1. La génératrice issue de ce point et située dans le plan auxiliaire se projette horizontalement suivant la tangente en K_1 au cercle de gorge; cette tangente rencontre x_1y_1 en L_1, qui se rappelle, en L', sur $g'\mathrm{II}'$.

Les plans horizontaux limites sont parallèles à un plan tangent au cône asymptote; ils coupent donc la surface suivant deux paraboles, d'ailleurs symétriques l'une de l'autre par rapport au centre (d, d') de la surface. En projection horizontale, ces paraboles ont pour axe commun xy et pour sommets respectifs L et M. Elles passent par les points 3 et $3''$, considérés comme les projections horizontales des points de rencontre des plans horizontaux limites avec les deux génératrices verticales de la surface. Cela suffit pour les déterminer. Observons, en outre, qu'elles passent respectivement par les points 4, $4''$ et 7, $7''$, qui seront construits tout à l'heure. Bien entendu, nous n'avons tracé que les arcs de ces paraboles qui sont intérieurs au cercle de diamètre $g\mathrm{II}$.

Le contour apparent horizontal de II' se réduit aux deux points 3 et $3''$, traces des génératrices verticales (nº 83).

Construction de la courbe d'intersection. — Nous avons affaire à deux surfaces de révolution dont les axes se rencontrent au point (b, b'). Pour construire un point quelconque de l'intersection, nous coupons donc par une sphère ayant pour centre ce point (nº **66**). Appliquons la méthode à la recherche des points situés sur les parallèles extrêmes de II. Cherchons, par exemple, les points situés sur le parallèle $g'\mathrm{II}'$. Nous coupons par la sphère qui contient ce parallèle. Elle coupe II' suivant deux parallèles, qui passent par les points de rencontre de la sphère avec la génératrice verticale (f, $d'c'$). Pour construire ces points, nous coupons par le plan de front ef. Ce plan coupe II suivant deux génératrices, dont l'une rencontre la sphère auxiliaire au point (h, h''). Il coupe donc la sphère suivant un cercle passant par ce point et dont la projection verticale est, par suite, le cercle de centre b' et de rayon $b'h''$. Ce cercle rencontre $d'c'$ en i' (et en un autre point, qui conduirait à des points imaginaires). Le parallèle de II' qui passe par ce point est projeté verticalement suivant la perpendiculaire à $b'd'$, laquelle rencontre $g'\mathrm{II}'$ en $7'$.

HAAG. — *Exercices*, IV.   7

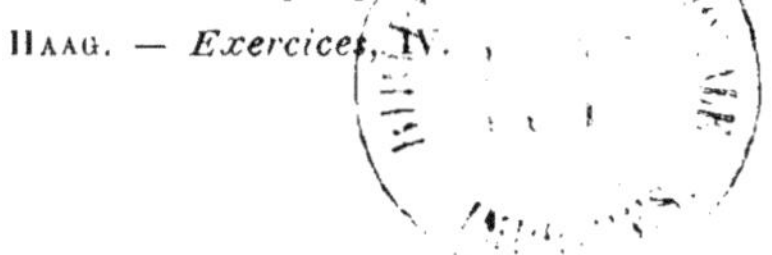

rappelé horizontalement en 7 ou 7″. Les points (7, 7′) et (7″, 7′) sont les deux points cherchés.

Construisons la tangente en (7, 7′), par la méthode des normales. La normale à H rencontre l'axe en k précédemment déterminé. Pour avoir la normale à H′, considérons le point i du même parallèle qui se trouve sur la génératrice verticale donnée. Le plan normal à cette génératrice est un plan horizontal, qui rencontre l'axe $b'd'$ au point l'. La droite $k'l'$ est la projection verticale d'une droite de front du plan normal; la tangente en 7′ est donc perpendiculaire à cette droite. La frontale ci-dessus rencontre le plan horizontal $g'H'$ en m', rappelé en m. sur gH. La droite $7m$ est la projection horizontale d'une horizontale du plan normal. La tangente en 7 est donc perpendiculaire à cette droite.

On a opéré de même pour construire les points (4, 4′) et (4″, 4′) et la tangente en l'un d'eux.

La *sphère limite* est celle qui est tangente en (f, c') à la génératrice verticale (f, $d'c'$). Elle a pour rayon $bf = b'd'$. Il s'ensuit qu'elle contient le cercle de gorge de H. Ce cercle rencontre le parallèle $c'a'$ de H′ aux points (2, 2′) et (2″, 2′). En chacun d'eux, la courbe est tangente au cercle de gorge de H, d'après le théorème des surfaces limites (n° 7). (En projection horizontale, on peut aussi remarquer que les points appartiennent au contour apparent horizontal de H.)

Le cylindre projetant horizontalement la courbe et l'hyperboloïde H sont tangents en (2, 2′): donc, en ce point, le centre de courbure normale est le même pour les deux surfaces. Or, pour H, c'est le centre du cercle de gorge. Il s'ensuit que la projection horizontale de ce cercle est le cercle de courbure en 2 à la projection horizontale de la courbe.

La sphère limite coupe H suivant un second parallèle, qui n'est autre que le parallèle passant par (f, c'), point de rencontre des génératrices données des deux surfaces. Il rencontre le parallèle de H′ aux deux points (6, 6′) et (6″, 6′), en chacun desquels la courbe est, comme tout à l'heure, tangente au parallèle de H.

Les points (2, 2′) et (6, 6′) auraient pu aussi être obtenus en coupant les deux surfaces par le plan de front ef. Les sections sont, en effet, des génératrices projetées verticalement suivant $a'h'$, $a'h''$, pour H et suivant $d'c'$, $d'a'$, pour H′. Cette méthode nous donne en même temps le point (3, 3′). Il est facile d'avoir la tangente en 3 à la projection horizontale. Cette tangente est évidemment la trace horizontale du plan tangent en (3, 3′) à H′. Or, ce point est symétrique de (6, 6′) par rapport au point (f, d'), qui est le point central de la génératrice (3, 3′6′). Donc les plans tangents en ces deux points sont symétriques par rapport au plan central ou, ce qui revient au même, par rapport au plan asymptote (t. II, n° 368). Comme ce plan asymptote est le plan $33'$, contenant les deux génératrices verticales et comme nous connaissons déjà le plan tangent en $(6, 6')$, puisque nous avons la tangente en 6 à la projection horizontale, on en déduit que la tangente en 3 est symétrique de la tangente en 6 par rapport à $3d$. Comme cette dernière tangente est inclinée à $45°$ sur $3d$, la première n'est autre que le rayon $3a$. (Le point 3 ou 6 est un point double apparent en projection horizontale.)

A titre d'exercice, nous avons indiqué une construction directe du plan tangent en $(3, 3')$ à H'. Il faut chercher la seconde génératrice issue de ce point. Utilisons le second système de projections. La nouvelle projection horizontale du point considéré est 3_1. La seconde génératrice est projetée horizontalement suivant la tangente $3_1 n_1$ au cercle de gorge. Le point de contact n_1 se rappelle en n', sur x_1y_1, puis en n dans l'ancien système de projection. Le point (n, n') appartient au plan tangent cherché; donc $3n$ est la trace horizontale de ce plan. On vérifie graphiquement et l'on peut démontrer par des raisonnements de géométrie élémentaire que cette droite coïncide bien avec $3a$.

Les points sur les contours apparents verticaux sont les points de rencontre $1'$ et $5'$ des deux méridiennes. Ils ne peuvent être construits à la règle et au compas. En projection horizontale, ils se rappellent en 1 et 5, sur xy et donnent les sommets de cette projection.

Les tangentes en $1'$ et $5'$ se construisent par la méthode habituelle des normales. Par exemple, la tangente en $5'$ est perpendiculaire à la droite $o'r'$, projection verticale de l'axe de courbure. Le point de rencontre (s, s') de cette droite avec le plan horizontal de $5'$ donne le centre de courbure s de la projection horizontale. On a construit de même la tangente en $1'$ et le centre de courbure t en 1.

Asymptotes. — Les directions asymptotiques sont les génératrices d'intersection des deux cônes asymptotes, celui de H', par exemple ayant subi une translation amenant son sommet en (a, a'). Pour construire ces génératrices, coupons par la sphère de centre (a, a') et de rayon $a'c'$. Nous obtenons des parallèles projetés verticalement suivant $c'c'$ et $a'c'$. Ils se rencontrent au point (c, c') et en un point symétrique. La direction $(ac, a'c')$ est une direction asymptotique.

Cherchons l'asymptote correspondante, en prenant l'intersection des plans tangents aux deux cônes asymptotes, pris dans leurs positions véritables, le long des génératrices parallèles à la direction considérée. Pour avoir un point de cette intersection, coupons par le plan horizontal auxiliaire $c'b'$. Il coupe le plan tangent au premier cône suivant la tangente cu à la base. Pour avoir l'intersection avec le plan tangent au second cône, utilisons le deuxième système de projection. Si nous prenons comme plan de base $A'B'$, nous avons, en (B_1, B'), la trace de la génératrice. En revenant à l'ancien système de projection, ce point devient (B, B'). D'autre part, le plan $x_1 y_1$ coupe le plan auxiliaire $c'b'$ suivant la droite de bout $C'C_1$ et le plan tangent au cône suivant une droite dont la projection horizontale $d'C_1$ est perpendiculaire à $d'B_1$. Le point (C_1, C') est un second point de l'intersection du plan auxiliaire avec le second plan tangent. Dans l'ancien système, il vient en (C, C'). La droite CB rencontre finalement cu en u, qui est la projection horizontale du point cherché. En menant par ce point la parallèle à ac, on a une asymptote de la projection horizontale. On en a une deuxième par symétrie par rapport à xy.

En projection verticale, u se rappelle en u', sur $b'c'$ et l'on a une asymptote de la projection verticale en menant par ce point une parallèle à $a'c'$.

La seconde direction asymptotique de la projection verticale s'obtient en prenant le deuxième parallèle d'intersection de l'un des cônes avec la sphère auxiliaire. Il est facile de voir que l'on obtiendrait ainsi la bissectrice intérieure $a'D'$ de l'angle $c'a'd'$, de même que $a'c'$ en était la bissectrice extérieure. En projection horizontale, les directions asymptotiques sont imaginaires, de sorte qu'en projection verticale, nous avons la direction asymptotique d'une branche virtuelle. Pour construire l'asymptote correspondante, nous appliquons la méthode générale du n° 10. Les diamètres conjugués par rapport à H et H' sont, en direction, respectivement symétriques de $a'D'$ par rapport à $a'c'$, soit $a'A'$ et par rapport à $d'a'$, soit $d'E'$. Ils se rencontrent en F' et la parallèle à $a'D'$ menée par ce point est la seconde asymptote cherchée.

En réalité, toutes ces constructions n'ont été faites qu'à titre d'exercice, car elles auraient pu être considérablement simplifiées, en remarquant que la projection verticale de la courbe est une hyperbole, dont on connaît un diamètre $a'c'$ et, par suite, le centre G'. En menant par ce centre les parallèles à $a'c'$ et $a'D'$, on aurait eu les asymptotes de la projection verticale. En utilisant le point u' et la tangente cu, on aurait eu ensuite une asymptote en projection horizontale.

Jonction des points. — Nous avons maintenant assez d'éléments pour construire la courbe avec exactitude. On commence par la projection verticale, en utilisant ses asymptotes. Puis, on trace la projection horizontale, en s'aidant de la projection verticale pour la jonction des points.

Ponctuation. — En projection verticale, tout est vu, car la moitié du solide commun qui se trouve en avant de xy est entièrement vue.

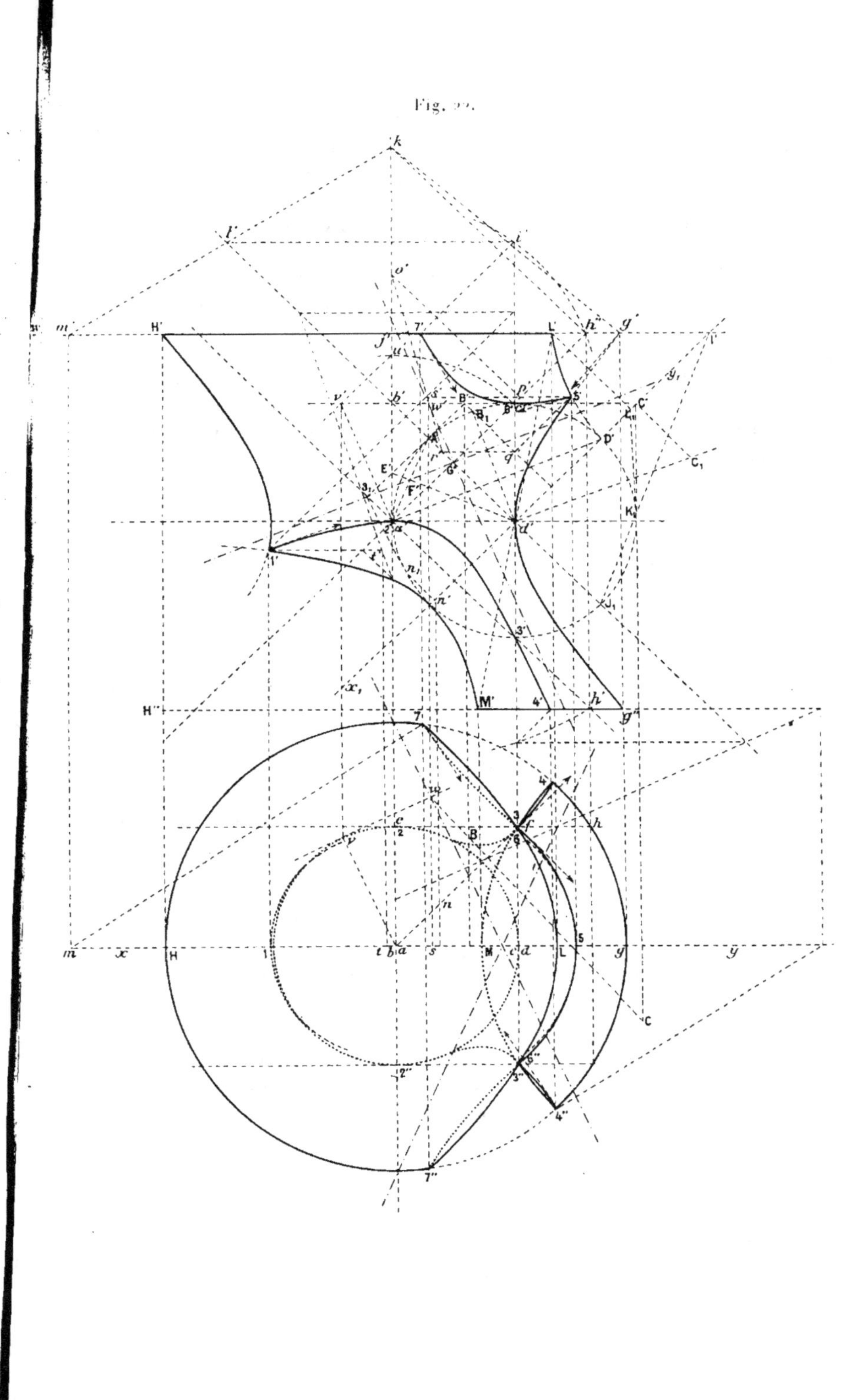

Fig. 20.

En projection horizontale, tout est caché sur H, à part le parallèle supérieur. Mais, sur H', tout ce qui est à droite du plan asymptote $3\,3''$ est vu. (On s'en rend compte en coupant par des plans de profil. Les sections sont des paraboles dont la concavité est tournée vers le bas ou vers le haut, suivant que le plan sécant est à droite ou à gauche du plan asymptote. Comme la partie solide est précisément du côté de cette concavité, on en conclut que, dans le premier cas seulement, la parabole est vue.) Il en résulte que les arcs $6\,5\,6''$, $3\,4$, $3''\,4''$ sont vus. Il en est de même pour les arcs de parabole $3\,4$ et $3''\,4''$. Quant à la parabole $7\,L\,7''$ du plan supérieur, elle est évidemment vue en entier. L'arc de cercle $4g4''$, bien que primitivement caché sur H, devient vu quand on enlève ce qui est extérieur à H'.

EXERCICES PROPOSÉS.

1. On considère le plan tangent en un point quelconque M d'une génératrice de front d'une surface gauche de révolution à axe vertical. Construire l'angle plan du dièdre formé par ce plan tangent et par le plan méridien de front. Vérifier, au moyen de cette construction, la formule de Chasles (t. II, n° 368) et calculer le paramètre de distribution. (Si R désigne le rayon du cercle de gorge et α l'angle des génératrices avec le plan horizontal, le paramètre de distribution est égal à $R \tang \alpha$.)

2. On donne trois droites A, B, G. Construire les points de raccordement des deux surfaces gauches engendrées par G en tournant successivement autour de A et de B. [Ce sont les points doubles de deux divisions homographiques (t. II, n° 146). On construira, par exemple, les homologues I et J' des points à l'infini, en prenant les points de contact du plan asymptote de chaque surface avec l'autre; puis, on construira deux points homologues quelconques, P et P', au moyen d'un plan tangent quelconque; il restera à construire les points M tels que $\overline{IM}.\overline{J'M} = \overline{IP}.\overline{J'P'}$, ce qui est un problème élémentaire classique.]

3. On donne une droite quelconque G et une droite de front A. On considère l'hyperboloïde H engendré par la rotation de G autour de A. Déterminer son cercle de gorge et sa méridienne principale. Construire la projection horizontale d'un point, connaissant sa projection verticale. Construire le contour apparent horizontal. Construire le point de contact d'un plan quelconque passant par G. (Le plus simple est de faire un changement de plan horizontal amenant A à être verticale. Pour la deuxième construction, on peut aussi utiliser une sphère auxiliaire

contenant le parallèle qui passe par les points cherchés (nº **48**). Pour le contour apparent horizontal, chercher tout de suite le plan diamétral conjugué des cordes verticales, en utilisant les asymptotes de la méridienne principale. Pour la dernière question, utiliser le changement de plan; ou bien, remarquer que l'on connaît la direction de la normale, qui doit, en outre, s'appuyer sur G et A.)

4. On donne une surface gauche de révolution à axe vertical. Construire le parallèle de contact du cône circonscrit ayant pour sommet un point donné de l'axe. (Chercher le point de contact du plan tangent déterminé par ce point et par une génératrice quelconque, qu'on pourra prendre, par exemple, de front.)

5. Même question, l'axe étant seulement de front. (Même méthode, en faisant un changement de plan.)

6. On donne une surface gauche à axe vertical, une verticale A et une droite de bout B. Construire une droite tangente à la surface et s'appuyant sur A et sur B. (Intersection des plans tangents menés par A et par B.)

7. On donne deux droites A et B et un point P. Construire l'axe d'une surface gauche de révolution contenant ces deux droites et ce point. Faire l'épure en supposant A verticale et B de front. (Construire la génératrice G qui passe par P et s'appuie sur A et B, en M et N. L'axe doit se trouver dans le plan perpendiculaire à AMG, mené par la bissectrice de cet angle.)

8. Construire l'ombre propre d'une surface gauche à axe vertical, les rayons lumineux étant de front et inclinés à $45°$ sur le plan horizontal. On supposera successivement que l'angle au sommet du cône asymptote est $60°$, $90°$, $120°$.

9. On donne une surface gauche de révolution, dont l'axe est vertical et dont le centre a pour coordonnées $(-50, 120, 150)$. Le rayon du cercle de gorge est 40 et l'angle des génératrices avec l'axe est $30°$. On limite la surface aux plans horizontaux de cotes 20 et 150. La surface étant supposée opaque et éclairée par les rayons lumineux à $45°$ habituels, représenter son ombre, ainsi que l'ombre portée sur le plan horizontal. (*Cf.* Chap. V, Exercice résolu nº 3.)

10. On donne une surface gauche de révolution à axe de bout. Le centre a pour coordonnées $(0, 120, 160)$. Le cercle de gorge a pour rayon 40 et les génératrices font $45°$ avec l'axe. On enlève toute la partie de la surface qui se trouve au-dessus du plan tangent horizontal le plus élevé. En outre, on la limite aux plans de front d'éloignements 20 et 220. La surface étant supposée opaque et éclairée par les rayons lumineux à 45° habituels, la représenter, en figurant les ombres.

11. Une surface gauche de révolution a pour centre le point (0, 110, 100). Son axe est de front et fait 30° avec la verticale; ses génératrices font 60° avec cet axe. Le rayon du cercle de gorge est 40. Un cube concentrique à l'hyperboloïde a une face dans le plan horizontal; une diagonale de cette face est de bout. L'hyperboloïde étant supposé solide dans la région qui contient l'axe, représenter la partie de ce solide qui est intérieure au cube.

12. Une surface gauche de révolution a son axe vertical. Son centre a pour coordonnées (0, 105, 85). Son cercle de gorge et sa trace horizontale ont pour rayons 8 et 95. On considère les quatre sphères dont les centres sont dans le plan de gorge et qui sont tangentes au plan horizontal aux extrémités des diamètres de front et de bout du parallèle situé dans ce plan. Représenter les parties de la surface de l'hyperboloïde intérieures aux quatre sphères et comprises entre les plans horizontaux de cotes 0 et 171. (E. C., 1882.)

13. Une surface gauche de révolution a son axe parallèle à la ligne de terre. Son centre a pour coordonnées (0, 100, 100). Son cercle de gorge a pour rayon 30 et ses génératrices font 45° avec l'axe. Un cylindre de révolution, de rayon 60, a pour axe la droite joignant les points (— 20, 100, 100) et (0, 100, 60). Représenter l'hyperboloïde entaillé par le cylindre, en le limitant aux plans de profil passant à 100 de part et d'autre du centre.

14. Une surface gauche de révolution a son axe vertical. Son centre a pour coordonnées (0, 150, 120). Son cercle de gorge a pour rayon 40 et ses génératrices font 54° avec le plan horizontal. On prend la sphère inscrite le long du parallèle de cote 140, puis un cône circonscrit à cette sphère, ayant pour angle au sommet 60° et dont le sommet a pour cote 150 et se trouve dans un plan méridien de l'hyperboloïde faisant 30° avec le plan vertical. Solide commun.

15. On donne un hyperboloïde de révolution à axe vertical, de centre (0, 51, 70). Le cercle de gorge a pour rayon 13 et les génératrices font 45° avec l'axe. On considère la génératrice de front de plus grand éloignement et dont la trace horizontale est à gauche du point de rencontre avec le cercle de gorge. On prend sur cette génératrice un point A, de cote 16 et un point B, de cote 140. Un deuxième hyperboloïde se raccorde au premier en ces deux points. Son axe est de front; il a deux génératrices verticales; enfin, l'angle au sommet du cône asymptote est 135°. Représenter le solide commun, en le limitant aux deux plans de projection.

16. Un cube, de 150 de côté, a des arêtes verticales et des arêtes de bout. Dans la face postérieure, on considère l'arête de gauche, l'arête inférieure et le sommet situé à l'intersection des deux autres arêtes. La diagonale du cube issue de ce sommet engendre, en tournant successivement autour des deux arêtes considérées, deux hyperboloïdes. Représenter le solide commun, en le limitant aux faces du cube (E. P., 1890). (L'intersection se compose de deux droites et d'une hyperbole.)

17. Un hyperboloïde de révolution à axe vertical a pour centre le point $(0.80, 65)$. Son cercle de gorge a pour rayon 40 et sa trace horizontale est tangente à la ligne de terre. On le limite au plan horizontal de cote 120. Soit G la génératrice dont la projection horizontale fait 30° avec la ligne de terre et dont la trace horizontale est à gauche et en avant de la trace de l'axe. Un cylindre a ses génératrices parallèles à G et a pour base, dans le plan de gorge, un cercle passant par le centre de l'hyperboloïde, de rayon 55 et dont le centre est à droite et à 8 en avant du centre de l'hyperboloïde. Hyperboloïde entaillé par le cylindre.

18. Un hyperboloïde à axe vertical a pour centre $(-70, 80, 140)$. Son cercle de gorge a pour rayon 70 et ses génératrices font 40° avec l'axe. Un cône a pour sommet $(-140, 150, 140)$ et pour base, dans le plan méridien de front de l'hyperboloïde, un cercle égal au cercle de gorge et dont le centre est au point le plus à droite de ce dernier. Représenter le cône entaillé par l'hyperboloïde, en le limitant au plan de front d'éloignement 10.

19. On considère un hyperboloïde H, à axe vertical, de centre $(0, 100, 90)$ et dont une génératrice G a pour équations : $y = 70$, $z = 2x$. Un second hyperboloïde de révolution H' se raccorde à H le long de G; son cercle de gorge est double de celui de H et se trouve du même côté par rapport au plan de front qui passe par G. Représenter le solide commun aux deux hyperboloïdes, en le limitant aux plans horizontaux de cotes 0 et 220. [On démontrera que tous les hyperboloïdes de révolution qui se raccordent à H le long de G ont pour axes les génératrices du second système du paraboloïde des normales (t. II. Chap. XXVI, Exercice proposé n° 4). Il faut prendre celle de ces génératrices dont l'éloignement est 130. L'intersection des deux hyperboloïdes se compose de G et de deux autres génératrices (t. II, n° 491, IV, d).]

20. Soient G et G' deux génératrices quelconques de même système d'une surface gauche de révolution. Démontrer qu'elles sont symétriques l'une de l'autre par rapport au diamètre du cercle de gorge perpendiculaire à la corde joignant leurs points de rencontre avec ce cercle. Réciproquement, il existe une infinité d'hyperboloïdes de révolution contenant deux droites données G et G', ne se rencontrant pas. On obtient l'un quelconque d'entre eux en prenant comme plan de gorge un plan quelconque passant par un des axes de symétrie des droites données, l'axe de révolution s'en déduisant ensuite par une construction évidente. Quel est le lieu de cet axe ?

(On peut passer de G à G' de la manière suivante : Une symétrie par rapport au plan de gorge donne une génératrice G" du second système, rencontrant, par conséquent G' en un certain point P. Une symétrie par rapport au plan méridien du point P transforme ensuite G" en G'. Or, l'ensemble de ces deux symétries équivaut, comme on sait, à une symétrie par rapport à l'intersection des deux plans.

Pour la réciproque, soient M et M' les points de rencontre du plan de gorge choisi avec G et G'. La perpendiculaire à G, menée par M dans le plan de gorge rencontre la perpendiculaire à G' menée par M' en un certain point O. L'axe de révolution A est la perpendiculaire au plan de gorge menée par O. Il est facile de voir que OM = OM' et que, par conséquent, la surface gauche engendrée par la rotation de G autour de A passe par M'. Mais alors, la génératrice de cet hyperboloïde issue de M' et de même système que G peut être déduite de G par la même symétrie qui transforme G en G'; donc, elle coïncide avec G'.

Le point O et le point à l'infini de A décrivent des divisions homographiques; on en conclut que le lieu de A est un paraboloïde hyperbolique équilatère, dont les génératrices issues du sommet sont les deux axes de symétrie de l'ensemble des deux droites G et G'. [Ce paraboloïde n'est autre que le lieu des points équidistants de G et de G' (*cf.* t. II, Chap. V, Exercice proposé n° 18). Rappelons que les deux axes de symétrie en question sont les bissectrices des parallèles à G et à G' menées par le milieu de la perpendiculaire commune, de sorte que cette perpendiculaire est l'axe du paraboloïde.]

21. Par le point (0.40.15), on mène la droite A de paramètres directeurs (1.2.1). Par le point (0.40.75), on mène la droite B de paramètres directeurs (1.—2.1). On considère deux hyperboloïdes de révolution H et H' passant par ces deux droites et ayant respectivement pour axes, le premier une verticale, le second une droite de paramètres directeurs (3.0.1). Représenter H entaillé par H', en le limitant au plan horizontal et au plan symétrique par rapport au plan de gorge. [Pour la détermination des deux axes, voir l'exercice précédent. L'intersection se compose des droites données et de deux génératrices de l'autre système (*cf.* t. II, n° 491, IV, *c*). On peut avoir celles-ci en cherchant les points de raccordement ou bien en cherchant leurs directions, par l'intersection de deux cônes concentriques parallèles aux cônes asymptotes.]

22. On fait tourner une même droite successivement autour de deux axes verticaux. Construire l'intersection des deux surfaces engendrées. Cas où le plan des axes est parallèle à la droite. (L'intersection comprend la droite donnée, une conique à l'infini et une autre droite.)

CHAPITRE VII.

EXERCICES RÉSOLUS.

1. *On considère l'hyperboloïde défini par les trois génératrices* (A, A'), (B, B'), (C, C'). *On le limite aux plans horizontaux passant respectivement par les points de rencontre des projections verticales* B', C' *et* B', A'. *On le limite également au plan vertical de projection, la ligne de terre étant la trace verticale du premier des plans horizontaux précédents. Enfin, on l'éclaire par des rayons lumineux parallèles à la ligne de terre et venant de gauche. Représenter ce solide, avec son ombre propre (fig.* 23).

Centre et cône asymptote. — Construisons les génératrices parallèles aux proposées. La génératrice parallèle à (A, A') doit rencontrer (B, B'); comme les deux droites sont de front, leurs projections horizontales A_1 et B sont confondues. La génératrice cherchée doit, en outre, rencontrer (C, C'). Le point de rencontre est (z, o'). Les données sont telles que o' se trouve juste à l'intersection de A' et de C'. Il en résulte que A'_1 se confond avec A'. Le plan de bout qui admet pour trace verticale cette droite est donc un plan asymptote; sa génératrice de contact avec le cône asymptote est projetée horizontalement en od, à égale distance de A et de A_1.

La génératrice parallèle à (B, B') a sa projection horizontale B_1 confondue avec A. Cette projection rencontre C en un point qui est en dehors des limites de l'épure, mais qui est symétrique de la trace horizontale c de (C, C') par rapport à z, parce que cette trace a été prise sur la symétrique de A par rapport à B.

La projection verticale B'_1 doit donc rencontrer C' en un point symétrique de c' par rapport à o'; comme elle doit être, en outre, parallèle à B', ce n'est autre que la droite symétrique de B' par rapport à o'. La droite $(oe, o'e')$ équidistante de (B, B') et de (B_1, B'_1) est une nouvelle génératrice du cône asymptote. Le sommet de ce cône, c'est-à-dire le centre de l'hyperboloïde, est, par suite, (o, o').

La génératrice (C_1. C'_1) est maintenant facile à obtenir; c'est la droite symétrique de (C, C') par rapport à (o, o'). Le plan asymptote correspondant est encore de bout, puisque C'_1 et C' sont confondues. Sa génératrice de contact avec le cône asymptote est (of, $o'b'$).

Le cône asymptote est maintenant connu par trois plans tangents avec leurs génératrices de contact. La trace horizontale de ce cône est déterminée par trois points et les tangentes en ces points, à savoir d, de tangente aa_1; e, de tangente bb_1: f, de tangente bc. La première et la troisième tangente sont de bout; la deuxième est parallèle à B', parce que le triangle bOb_1 peut se déduire de $b'O'b''_1$ par une translation, la différence des éloignements de A et de B ayant été prise juste égale à la différence des cotes de b' et de b''_1. Ajoutons que A' et B' sont inclinées à 45° sur la ligne de terre, toujours par hypothèse. On en conclut que le triangle rectangle bOb_1 est isoscèle et, par suite, que sa médiane Oe est en même temps hauteur. D'autre part, df est le diamètre conjugué des cordes de bout; comme $O'a' = O'b'$, O est le milieu de ce diamètre, c'est-à-dire le centre de la conique. Il suit de là que Oe est le diamètre conjugué des cordes parallèles à bb_1; comme on vient de démontrer que ces deux directions sont perpendiculaires, on en conclut que Oe est un axe.

Il serait évidemment facile maintenant d'achever la construction de la base du cône asymptote; mais, comme cette base n'est pas utile pour la représentation de l'hyperboloïde, nous ne la construirons pas.

Trace horizontale de l'hyperboloïde. — Nous en connaissons immédiatement cinq points, qui sont les traces horizontales a, a_1, b, b_1, c des six génératrices construites. [Les traces de (B, B') et de (C_1, C'_1) se confondent en b; par contre, on aurait facilement la tangente en ce point, en prenant la trace horizontale du plan des deux génératrices. En coupant par le plan horizontal b''_1h', on vérifie que cette tangente est parallèle à Oh_1 ou Oo: ce qui résulte d'ailleurs aussi de ce que Oo est diamètre conjugué des cordes de front par rapport à la trace du cône asymptote, puisque o est au milieu de de.]

Pour en effectuer rapidement le tracé, rappelons-nous qu'elle est homothétique et concentrique à la trace du cône asymptote. Le diamètre aOc, étant perpendiculaire à l'axe Oe de cette deuxième conique, est un axe de la conique que nous avons présentement à construire. Pour avoir le deuxième, cherchons le point E homologue de e. A cet effet, cherchons le point g où la trace du cône asymptote rencontre Ob. La polaire de b par rapport à cette trace étant ef, on doit avoir

$$Og^2 = OK.Ob = \frac{3}{2}a.2a = 3a^2,$$

en appelant a la distance $OL = Lb = 2LK$. Donc, Og est la hauteur du triangle équilatéral de côté Ob. Construisons cette longueur, reportons-la en Og; puis, menons, par b, la parallèle bE à ge; nous obtenons le sommet E cherché.

Nous connaissons maintenant l'ellipse par ses deux axes et nous la construisons à l'aide du procédé de la bande de papier.

Trace sur le plan horizontal supérieur. — C'est une ellipse homothétique de la précédente. Nous en avons cinq points, en prenant les traces des génératrices connues, soit b_1, O, h, a, h_1. Le centre i est la trace du diamètre oO conjugué des plans horizontaux par rapport à l'hyperboloïde. Le demi-diamètre iO étant homologue du demi-diamètre OL, nous en déduisons le rapport d'homothétie. Nous pouvons ensuite construire les axes de la nouvelle ellipse, puis, cette ellipse elle-même par la bande de papier. Observons d'ailleurs que hb_1 est le petit axe. On peut le prouver par des considérations élémentaires, en démontrant que c'est un diamètre parallèle à OE. On peut aussi chercher la tangente en b_1, au moyen du plan tangent en (b_1, b_1'') à l'hyperboloïde. Ce plan tangent est déterminé par la génératrice (A, A') et par la génératrice $(b_1c, b_1''c')$; sa trace horizontale est ac; donc, la tangente en b_1 est parallèle à la tangente en E et b_1 peut être considéré comme le sommet homologue de E. De même, le plan tangent en (h, h') contient (C, C') et $(ha, h'a')$; sa trace horizontale est encore ca et l'on en conclut que h est le sommet opposé à b_1.

On peut démontrer, de même, que la tangente en O est de front, car les deux génératrices issues de (O, b_1'') sont (A_1, A_1') et (B, B'), dont le plan est de front, et que la tangente en a est de bout, car le plan tangent en (a, a'') est de bout, ainsi que nous le verrons dans un instant.

Trace verticale. — Le plan de front mené par (o, o') coupe le cône asymptote suivant deux génératrices, de traces horizontales d et e et de projections verticales $o'a'$ et $o'c'$. Les plans asymptotes correspondants ont pour traces horizontales respectives da et eb; leurs traces verticales sont $a'o'$ et eb_1 prolongée. La trace verticale de l'hyperboloïde est donc une hyperbole équilatère, dont $a'o'$ et eb_1 sont les asymptotes. En prenant les points de rencontre (u, u') et (c, c') de l'ellipse horizontale supérieure avec le plan vertical, on a deux points de cette hyperbole. Un très petit arc seulement est compris entre les plans horizontaux limites. Pour le construire, il suffit pratiquement de tracer les tangentes en ses extrémités u' et c', ce qui peut se faire en se servant des asymptotes.

Contour apparent horizontal. — Le plan de front A est tangent à l'hyperboloïde au point (j, j') de rencontre des génératrices (A, A')

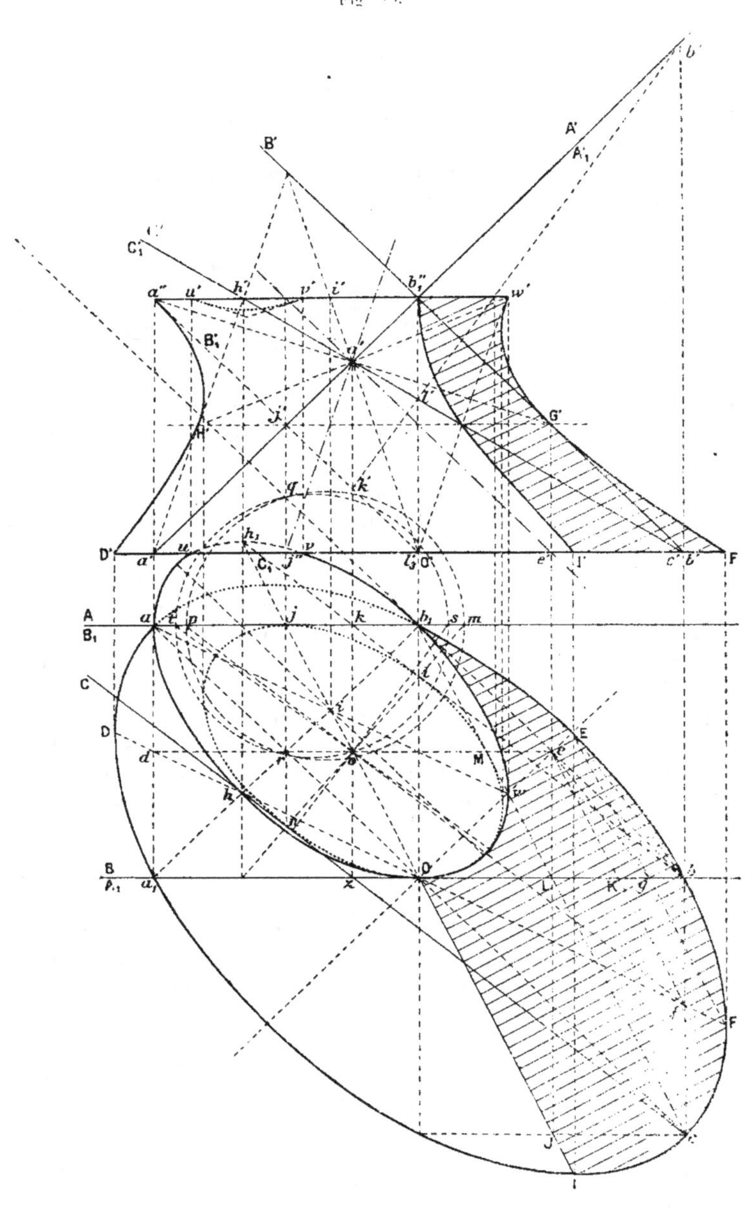
Fig. 13.

et (B_1, B'_1). Le contour apparent horizontal est donc tangent en j à A. On voit de même qu'il est tangent en O à B.

Le plan projetant horizontalement (C_1, C'_1) rencontre (A_1, A'_1) en (b, b'') et (B_1, B'_1) en (k, k') ; il coupe donc la surface suivant la génératrice (kb, $k'b''$), qui rencontre (C_1, C'_1) en (l, l'). Le contour apparent horizontal est tangent en l à C_1. Il est tangent à C au point n symétrique de l par rapport à o.

Il est facile, d'après tous ces renseignements, de voir que ce contour apparent est une ellipse, ce qui résulte d'ailleurs aussi de ce que le contour apparent du cône asymptote est imaginaire (puisque o est intérieur à la base). Nous connaissons un diamètre jO de cette ellipse et les tangentes aux extrémités de ce diamètre. Nous connaissons, en outre, les directions de deux diamètres conjugués, à savoir ol et la parallèle op à C. Il nous est facile, avec ces données, de construire les axes. On sait, en effet, (t. II, Chap. XXX, Exercice proposé n°15) que, si s et t sont leurs points de rencontre avec la tangente en j, les produits $\overline{js}.\overline{jt}$ et $\overline{jm}.\overline{jp}$ sont tous deux égaux au carré du demi-diamètre parallèle à cette tangente. Dès lors, nous décrivons un cercle de diamètre mp ; il rencontre la normale en j aux points q, r, par lesquels nous menons ensuite un cercle passant par o ; ce cercle coupe A aux points s et t ; os et ot sont les axes cherchés. On sait d'ailleurs (n° 142) que les longueurs des demi-axes ont pour somme et différence les distances oq et or ; on en déduit facilement ces longueurs. On achève alors la construction de l'ellipse au moyen de la bande de papier. (La longueur jq est celle du demi-diamètre parallèle à la ligne de terre. On aurait pu construire directement l'extrémité M de ce diamètre en prenant le point de contact de la droite b_1c, qui est parallèle au diamètre conjugué Oj et qui est, en outre, ainsi que nous l'avons vu plus haut, la projection horizontale d'une génératrice.) [1].

Contour apparent vertical. — Les droites A' et C' sont les traces verticales de deux plans asymptotes de bout ; ce sont donc les deux asymptotes du contour apparent vertical, lequel est, par suite, une hyperbole.

Le plan projetant verticalement (B, B') coupe l'hyperboloïde suivant

---

[1] La projection de l'ellipse horizontale supérieure est surosculatrice en O au contour apparent. En effet, dans l'espace, la tangente en (O, b''_1) à l'ellipse de contour apparent horizontal est parallèle à la ligne de terre ; on peut le voir par des considérations élémentaires ou bien en remarquant que les verticales et la ligne de terre ont des directions conjuguées par rapport à l'hyperboloïde. Dès lors, les quatre points de rencontre des deux ellipses se confondent en O.

une deuxième génératrice, de projection horizontale b_1c, qui rencontre la première en (L, G'). Donc, G' est le point de contact de B' avec le contour apparent vertical. Le point a'' symétrique de G' par rapport à o', est le point de contact de B'_1. Si l'on remarque maintenant que $O'o'$ est le diamètre conjugué des cordes horizontales, on en déduit les points H' et w', avec leurs tangentes. Enfin, les projections verticales D' et F' des points D et F de la trace horizontale de la surface sont encore deux points du contour apparent vertical. On a maintenant plus d'éléments qu'il n'en faut pour construire cette courbe.

Ombre propre. — Le plan de la ligne d'ombre propre est le plan diamétral conjugué de la ligne de terre par rapport à l'hyperboloïde.

La trace horizontale de ce plan est le diamètre conjugué $O\sigma$ par rapport à la trace horizontale de la surface. Comme le plan doit passer par le centre (o, o') et comme, d'autre part, la projection horizontale de ce centre est sur la trace horizontale du dit plan, il s'ensuit nécessairement que ce plan est vertical.

La projection horizontale de la courbe d'ombre propre est donc le diamètre Oo. Quant à sa projection verticale, c'est une hyperbole, dont les asymptotes sont les projections verticales $o'j''$ et $o'c'$ des génératrices d'ombre propre du cône asymptote. Au point (O, b''_1), le plan tangent est de front, donc parallèle à la ligne de terre. Il en résulte que ce point appartient à la ligne d'ombre et que la tangente y est verticale. Nous avons aussi le point (I, I'), qui est le point de la trace horizontale de la surface où la tangente est parallèle à la ligne de terre. Nous possédons maintenant plus d'éléments qu'il n'en faut pour construire l'arc d'hyperbole $b''_1 I'$.

Ponctuation. — En projection horizontale, l'ellipse supérieure est entièrement vue. L'ellipse inférieure n'est vue qu'à l'extérieur de l'ellipse supérieure. Quant à l'ellipse de contour apparent, elle est entièrement cachée, comme il arrive toujours pour un hyperboloïde à une nappe, lorsqu'on suppose que la partie solide comprend l'intérieur de l'ellipse principale. Enfin, la courbe d'ombre propre n'est vue que de I en O.

En projection verticale, le contour apparent est vu, ainsi que l'arc d'hyperbole $b''_1 I'$ (l'autre branche est entièrement cachée et, pour cette raison, n'a pas été tracée). Le petit arc $a'c'$ est évidemment caché.

Le point (b, b'), par exemple, est dans l'ombre. Toute la région qui le contient doit donc être couverte de hachures.

2. *Un paraboloïde hyperbolique est défini par les deux génératrices* (A, A') *et* (B, B') *et par un plan directeur horizontal. Un ellipsoïde* *admet pour centre le sommet du paraboloïde : son grand axe, de longueur 80, se trouve sur une génératrice horizontale du paraboloïde ; son axe moyen, également horizontal, a pour longueur 60 ; enfin, son petit axe a pour longueur 50. Le paraboloïde étant supposé solide dans la région qui contient la demi-droite de bout issue du sommet et dirigée en avant de ce point, représenter l'ellipsoïde entaillé par le paraboloïde (fig. 24).*

Détermination du sommet du paraboloïde. — Cherchons d'abord la direction de l'axe, par l'intersection des plans directeurs. A cet effet, menons, par le point (a, a') de (B, B'), la parallèle (A_1, A') à (A, A') et coupons le plan $(Ba A_1, B'a'A')$ par le plan horizontal H'. Nous obtenons, en bc, la direction de l'axe.

Cherchons maintenant les génératrices perpendiculaires à cette direction. Celle du premier système (nous convenons d'appeler génératrices du premier système les génératrices horizontales) a pour direction $(cd, c'b')$, la droite cd étant menée perpendiculairement à cb. D'autre part, elle doit s'appuyer à la fois sur (A, A') et sur (B, B'). Cherchons la trace de (A, A') sur le plan $(Bcd, B'c'b')$. En coupant par le plan projetant verticalement cette droite, nous obtenons le point (e, e'). En menant, par ce point, la parallèle à $(cd, c'b')$, nous obtenons la génératrice cherchée.

La génératrice du second système est parallèle à l'intersection $(cf, c'f')$ du second plan directeur $(BA_1, B'A')$ avec le plan vertical de trace cd. D'autre part, les projections verticales de toutes les génératrices du second système passent par un point fixe, trace verticale de la génératrice de bout du premier système. Ce point fixe n'est autre que a', intersection de A' et de B'. En menant $a's'$ parallèle à $c'f'$, nous avons la projection verticale de la seconde génératrice cherchée. Son point de rencontre avec la première nous donne le sommet (s, s') du paraboloïde.

Contour apparent horizontal du paraboloïde. — Les verticales étant perpendiculaires à l'axe du paraboloïde, leur plan diamétral conjugué contient cet axe. Il en résulte que le contour apparent horizontal est une parabole ayant pour sommet s et pour axe sX perpendiculaire à se. Comme elle est l'enveloppe des projections horizontales des génératrices, B est une de ses tangentes. En menant une perpendiculaire à cette droite en son point de rencontre g avec la tangente au sommet, puis prenant l'intersection de cette perpendiculaire avec sX, on a le foyer F de la parabole. On peut, dès lors, la tracer sans difficulté. On a déterminé, en particulier, le point de contact h de B, en menant la parallèle à l'axe par le symétrique de F par rapport à g. On a construit, de même, le point de contact i de la génératrice de bout $a'a$.

Le contour apparent vertical du paraboloïde se réduit au point a' (n° 89).

Contours apparents de l'ellipsoïde. — En portant la longueur 4o, de part et d'autre de s, sur se, on a les deux sommets P et Q du grand axe, En portant, de même, la longueur 3o sur sX, on a les sommets R et S de l'axe moyen. Enfin, les sommets du petit axe ont pour projections verticales U' et V', à la distance 25 de s'.

Le contour apparent horizontal est l'ellipse principale d'axes PQ et RS. Le contour apparent vertical est une ellipse de petit axe U'V' et de grand axe $j'k'$, j' et k' étant les projections verticales des points j et k de l'ellipse principale, où la tangente est de bout.

Construction de l'intersection. — Pour avoir un *point quelconque*, coupons par le plan horizontal H'. Il coupe le paraboloïde suivant la génératrice du premier système (H, H'). Il coupe l'ellipsoïde suivant une ellipse homothétique de l'ellipse principale horizontale. Le rapport d'homothétie est le rapport des cordes déterminées par les plans horizontaux H' et $s'j'$ sur l'ellipse de section de l'ellipsoïde par un plan quelconque passant par l'axe vertical. Or, on peut choisir ce plan, de manière que l'ellipse en question se projette verticalement suivant un cercle de diamètre U'V'. Le rapport d'homothétie est donc $\dfrac{n'm'}{s'o'}$. Effectuons sur H l'homothétie inverse. A cet effet, construisons le point homologue (o, o') de (m, m') et menons par o la parallèle à H. Elle rencontre l'ellipse principale aux points p et q. En joignant sp, nous obtenons, en 11, la projection horizontale d'un des points cherchés; une ligne de rappel nous donne sa projection verticale 11', sur H'. Du point q, on déduit, de même, (17, 17').

Observons maintenant que sX est un *axe de symétrie* pour les deux surfaces, donc pour leur intersection. Des deux points précédents, nous pouvons donc déduire aisément deux autres points (2, 2') et (8, 8'). Par exemple, pour construire le second, nous prenons d'abord le symétrique 8 de 17 par rapport à sX (parce que l'axe est horizontal; sX est donc un *axe de symétrie de la projection horizontale*). Nous menons la ligne de rappel 8 8' et nous y choisissons 8' de manière que sa cote par rapport à la projection verticale $s'k'$, soit égale à la cote de 17'. mais de sens contraire.

Points remarquables. — Nous avons d'abord les sommets (1, 1') et (9, 9') de l'ellipsoïde. qui sont les points sur le contour apparent horizontal de cette surface. Il est facile de construire les tangentes en ces points à la projection verticale. Cherchons, par exemple, la tangente en $9'$. Le plan tangent à l'ellipsoïde est le plan vertical de trace Pt. Pour avoir le plan tangent au paraboloïde, cherchons la génératrice du second système qui passe par $(9, 9')$. La projection verticale de cette génératrice est $a'9'$. Son point de rencontre avec la génératrice du premier système $(11, 11')$ est (r, r'), Coupons dès lors nos deux plans tangents par le plan horizontal $11'$. Le premier est coupé suivant une droite de projection horizontale Pt. Le second est coupé suivant une droite passant par (r, r') et parallèle à la génératrice $(s9, s'9')$, qui appartient à ce plan. En menant par r la parallèle rt à Ps, on a la projection horizontale t d'un point de la tangente dans l'espace. La projection verticale de ce point se trouve ensuite en t', sur $11'$. La tangente cherchée est finalement $9't'$.

La tangente en $1'$ pourrait se construire de la même manière. Il est plus simple de remarquer qu'elle est symétrique de la précédente par rapport à l'axe de symétrie de la courbe. On construit, comme il a été expliqué tout à l'heure, le point symétrique de (t, t'); puis, on joint sa projection verticale à $1'$.

Cherchons maintenant les points de rencontre de la génératrice $(sP, s'a')$ avec l'ellipsoïde. A cet effet, nous coupons par le plan projetant horizontalement cette droite et nous rabattons sur le plan principal horizontal. Le point (u, a') se rabat en u_1. Il faut construire les points de rencontre de su_1 avec le rabattement de l'ellipse de sommets P, Q, U', V'. A cet effet, nous utilisons le rabattement du cercle homographique et le rabattement U_1 de (s, U'). Joignons $U_1 u_1$; cette droite rencontre PQ en E, que nous joignons à Y_1; EY_1 rencontre uu_1 en y_1; sy_1 rencontre le cercle homographique en z_1; le rabattement d'un des points cherchés se trouve sur la perpendiculaire abaissée de z_1 sur PQ (t. II, n° 539). Mais, nous n'avons pas besoin de ce rabattement, car le pied 6 de ladite perpendiculaire sur PQ est la projection horizontale du point, qui se rappelle ensuite, en $6'$, sur $s'a'$.

Cherchons la tangente. Le plan tangent au paraboloïde est déterminé par les génératrices $(6s, 6's')$ et $(6v, 6'v')$. Le plan tangent à l'ellipsoïde est le plan perpendiculaire au plan vertical PQ, mené par la tangente $(w6, w'6')$ à l'ellipse principale située dans ledit plan vertical. Coupons ces deux plans par le plan horizontal $a'W'$. Le premier est coupé suivant une droite dont la projection horizontale passe par u et est parallèle à $6v$. Le second est coupé suivant une droite dont la projection horizontale est perpendiculaire à PQ et passe par W, projection horizontale du point de rencontre du plan auxiliaire avec $(6w, 6'w')$. Ces deux droites se rencontrent au point (G, G′), qui est un point de la tangente cherchée.

Par symétrie, on construit ensuite le point (14, 14′) et sa tangente. Cherchons les points situés sur la génératrice de bout. Nous appliquons la même méthode que pour le point courant, avec cette différence que nous ne pouvons pas effectuer l'homothétie sur la génératrice, en utilisant le point projeté verticalement en J′, puisque ce point n'existe pas. Nous avons la nouvelle abscisse s′K′, en joignant a′ au point de rencontre C′ de s′1′ avec J′e″. En menant la ligne de rappel du point K′, prenant ses points de rencontre K et L avec l'ellipse principale, puis faisant l'homothétie inverse, par la simple jonction de Ks et de Ls, nous obtenons, en 7 et 3, les projections horizontales des points cherchés, dont la projection verticale commune est a′.

Ce point a′ est donc un point double apparent (nº 8) en projection verticale. Il est facile d'avoir ses tangentes. Ce sont, en effet, les traces des plans tangents au paraboloïde en (3, 3′) et (7, 7′), puisque ces plans sont de bout, comme contenant la génératrice de bout. Cherchons, par exemple, le plan tangent en (3. 3′). Il nous faut la génératrice du second système issue de ce point. Coupons par le plan déterminé par le point et par la génératrice du premier système (H, H′). Il rencontre la génératrice du premier système (PQ, 9′1′) au point (T. T′), construit au moyen de l'horizontale DT du plan auxiliaire. Ce point appartient à la génératrice cherchée, donc au plan tangent; il en résulte que la tangente à la branche 2′3′4′ est 3′T′. On construit de même la tangente 7′T₁′ à l'autre branche.

Il nous reste à chercher les *points sur les contours apparents*. On peut avoir assez aisément les points sur le contour apparent horizontal du paraboloïde, en coupant par le plan de cette ligne. Ce plan est déterminé par l'axe sX et par le milieu de la corde verticale du paraboloïde qui a pour trace horizontale le point u par exemple. Il coupe l'ellipsoïde suivant une ellipse, dont deux sommets sont R et S, les deux autres se trouvant à l'intersection du plan avec l'ellipse principale de projection horizontale PQ. Pour construire ces derniers, on utilise le rabattement effectué pour la construction du point (6, 6′). Le rabattement de la trace du plan sécant sur le plan de l'ellipse est la droite joignant s au milieu de uu₁. Après la transformation qui substitue à l'ellipse son cercle homographique, elle passe par le milieu de uy₁ et coupe le cercle homographique en deux points, qui se projettent ensuite orthogonalement sur PQ aux projections horizontales des sommets cherchés. Il ne reste plus ensuite qu'à prendre l'intersection de l'ellipse admettant pour sommets ces points, en même temps que R et S, avec la parabole de contour apparent du paraboloïde. Cette construction pourrait se faire à la

règle et au compas, parce que les deux coniques ont un axe commun.
Pratiquement, on peut substituer à l'ellipse son cercle de courbure en un
des sommets de PQ. On obtient ainsi un point très voisin du point 7
(sur l'arc 6 7). Ces constructions n'ont pas été reportées sur la figure,
pour ne pas trop l'embrouiller et aussi parce que, pratiquement, on peut
très bien s'en passer pour faire le raccord entre la courbe et la parabole,
vu la proximité du point 7 et de cette dernière courbe.

Les points sur le contour apparent horizontal de l'ellipsoïde sont 1
et 9. Quant aux points sur le contour apparent vertical, on ne peut les
obtenir qu'en rappelant les points de rencontre 10, 5, 15 et 18 de la projection horizontale de la courbe avec la trace jsk du plan diamétral
conjugué des cordes de bout.

Pour bien guider la courbe, on a construit les points symétriques de
tous les points remarquables, comme il a été expliqué plus haut. On a
également construit le point (13, 13'), en coupant par le plan horizontal
de 15, et son symétrique (4, 4').

Jonction des points. — Il suffit d'imaginer un plan horizontal
balayant l'ellipsoïde d'une manière continue. Il est facile de suivre le
déplacement de ses deux points de rencontre avec la courbe, en prenant
comme repères les points construits. Le numérotage de ceux-ci a été
fait en partant du point (1, 1') et déplaçant le plan horizontal d'abord
vers le haut (jusqu'au point 5'), puis vers le bas (jusqu'au point 14'), puis
vers le haut (jusqu'au retour en 1').

Ponctuation. — Nous ponctuons d'abord sur l'ellipsoïde (n° 11, II).
En projection horizontale, tout l'arc 1 2...9 est vu, parce qu'il est au-
dessus du plan principal horizontal. En projection verticale, les arcs vus
sont ceux qui sont en avant du plan vertical jsk, c'est-à-dire 5'6'...10'
et 15'16'17'18'.

Nous enlevons ensuite la portion de l'ellipsoïde intérieure au paraboloïde. La demi-ellipse de contour apparent horizontal PQS disparaît,
ainsi que les arcs 18'k' 1''5' et 10'k'15' du contour apparent vertical.
Il en est de même du contour apparent horizontal du paraboloïde à
l'exception de l'arc allant du sommet s aux points de contact avec la
courbe d'intersection.

Si nous revenons maintenant à la ponctuation de cette dernière, nous
découvrons plusieurs arcs qui, primitivement cachés, deviennent vus
comme faisant partie du contour apparent. En projection horizontale,
nous trouvons l'arc 1 18 17 16, jusqu'au point de contact avec la parabole.
En projection verticale, nous avons 18'1'2'3' et 10'11'...15', de sorte
que le petit arc 3'4'5' est seul caché dans cette projection.

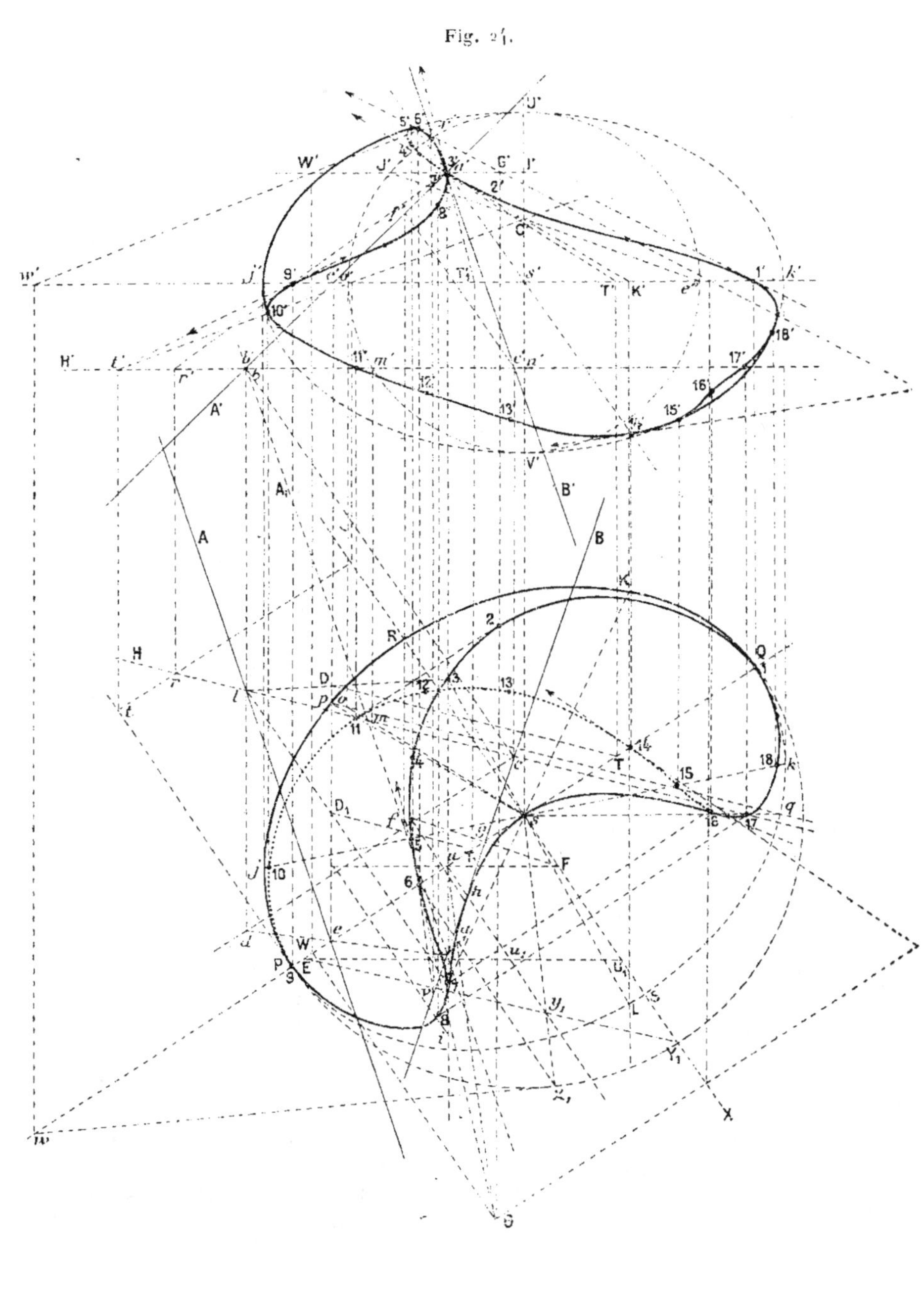

Fig. 24.

EXERCICES PROPOSÉS.

1. Un hyperboloïde à une nappe contient la ligne de terre, une verticale et une droite de bout données. Construire son centre et son cône asymptote. Connaissant une projection d'un de ses points, trouver l'autre. Construire sa section par un plan horizontal quelconque.

2. On donne un cube, ayant des arêtes verticales et des arêtes de bout, de longueur 150 et dont le centre a pour coordonnées (o,100,100). Un hyperboloïde contient deux diagonales non parallèles des faces de front et l'axe de bout de la face horizontale inférieure. Représenter la portion de cet hyperboloïde intérieure au cube, en la supposant éclairée par des rayons lumineux horizontaux, faisant 45° avec la ligne de terre.

3. Un hyperboloïde à une nappe a pour centre (o, 100, 100). Son ellipse principale a un axe parallèle à la ligne de terre et de longueur 100 et un axe de bout et de longueur 70. Ses génératrices de front font 45° avec le plan horizontal. Construire les deux projections de la ligne de striction des génératrices d'un système. (On sait construire le point central de chaque génératrice.)

4. On reprend l'hyperboloïde précédent et on le coupe par un paraboloïde hyperbolique, dont les génératrices issues du sommet sont les génératrices de l'hyperboloïde situées dans le plan tangent de front le plus rapproché du plan vertical et dont la parabole principale horizontale admet pour foyer le centre de l'hyperboloïde. L'hyperboloïde étant supposé solide dans la région qui contient son centre et le paraboloïde étant supposé solide dans la région qui ne contient pas ce point, représenter le solide commun, en le limitant aux plans horizontaux de cotes 30 et 170.

5. Un paraboloïde hyperbolique a pour axe la ligne de terre et pour plan principal le plan horizontal. On donne, en outre, son sommet, l'angle que font ses plans directeurs avec le plan horizontal et un de ses points.

Construire les génératrices qui passent par ce point.

6. Un paraboloïde hyperbolique est défini par les génératrices

$$y = 5o, \quad z = x + 100; \quad y = 100.$$
$$z = -x + 100; \quad y = 150, \quad z = 0.$$

On le coupe par une sphère ayant pour centre son sommet et pour

rayon 100. Représenter cette sphère entaillée par le paraboloïde, en supposant que son point le plus haut se trouve dans la partie solide du paraboloïde.

7. Un ellipsoïde a pour centre (0, 100, 100), pour sommets (90, 130,
100) et (0, 100, 180). On sait, en outre, que les plans de front sont des
plans cycliques. Dans le plan principal horizontal, on prend le point P,
situé sur l'ellipsoïde, ayant pour abscisse 85 et le plus grand éloignement. On considère la sphère tangente en ce point à l'ellipsoïde et
passant par le sommet de moindre éloignement. Représenter le solide
commun. (On peut se ramener à l'intersection de la sphère et d'un cône
à base circulaire dans le plan vertical.)

8. Un paraboloïde elliptique à axe vertical admet pour sommet le
point (0, 100, 0) ; il passe, en outre, par l'ellipse horizontale qui admet
pour centre (0, 100, 200), pour sommet le point A (120, 130, 200) et
dont le petit axe a pour longueur 180. Un paraboloïde hyperbolique a
un plan directeur horizontal et l'autre de front ; il a même sommet que
le paraboloïde elliptique ; en outre, il passe par le point A. Représenter
le solide commun, en supposant que la partie de l'axe du paraboloïde
hyperbolique qui est à droite du sommet se trouve dans la région solide
limitée par cette surface.

9. Un hyperboloïde à deux nappes a pour centre (0, 120, 0) et pour
sommet (0, 120, 40). Sa section par le plan $z = 200$ est une ellipse dont
le petit axe est de bout et a pour longueur 160 et dont le grand axe a
pour longueur 260. On le coupe par un cylindre ayant pour base un
cercle décrit dans le plan de l'ellipse ci-dessus, sur son petit axe comme
diamètre. Les génératrices de ce cylindre sont de front et inclinées à 45°
sur le plan horizontal. Représenter le solide commun, en le limitant au
plan $z = 200$ et à la nappe supérieure de l'hyperboloïde.

10. Une surface gauche de révolution à axe vertical admet pour centre
(0, 120, 100), pour rayon de gorge 40 et pour rayon de la trace horizontale 100. Un paraboloïde hyperbolique passe par une des génératrices de
front de plus grand éloignement de cet hyperboloïde, par son axe et par
la tangente au cercle de gorge au point le plus rapproché du plan vertical.
Représenter l'hyperboloïde entaillé par le paraboloïde, en le limitant
par les plans horizontaux de cotes 0 et 150.

CHAPITRE VIII.

PROJECTIONS COTÉES; SURFACES TOPOGRAPHIQUES.

EXERCICES RÉSOLUS.

1. *Entre les sommets* S *et* S' *de la carte* ([1]) *de la figure 26, se trouve un col* C. *Déterminer sa position approximative et tracer la ligne de faîte et la ligne de thalweg qui en sont issues.*

Menons la normale commune aux lignes de niveau de cote 210; nous obtenons un élément de la ligne de faîte; de même, en menant la normale commune aux lignes de niveau de cote 200, nous obtenons un élément de la ligne de thalweg. Ces deux lignes se rencontrent au point C, qui est le col cherché.

En appliquant la méthode indiquée au n° 96 pour la construction d'une ligne de plus grande pente, on peut continuer le tracé de la ligne de faîte, qui se termine aux deux sommets S et S' et de la ligne de thalweg, qui descend indéfiniment et sort finalement des limites de la carte. A partir de la cote 160, le tracé de cette dernière ligne devient assez incertain, à cause du grand espacement des lignes de niveau. Il faut imaginer par la pensée des lignes de niveau intermédiaires et s'efforcer de les couper orthogonalement. On peut aussi se guider sur les lignes de plus grande pente voisines, qui doivent toutes converger asymptotiquement vers la ligne de thalweg (n° 99).

2. *On donne, sur la même carte. le point* A, *de cote* 153 *et le point* B. *de cote* 152. *Tracer un chemin joignant ces deux points et dont la pente ne dépasse jamais 5 pour* 100. *Tracer également un chemin jouissant de la même propriété et joignant* A *au sommet* S.

([1]) Cette carte a été extraite d'un plan directeur de la 4ᵉ Armée (13 novembre 1916). Son échelle était le $\frac{1}{20000}$. Sur la figure, cette échelle a été réduite dans le rapport $\frac{2}{3}$.

Il existe évidemment une infinité de solutions pour chacun de ces deux problèmes. Nous allons chercher celles qui conduisent approximativement au chemin le plus court.

Pour joindre A et B, deux solutions paraissent à peu près équivalentes. On peut contourner par l'Est le sommet S ou bien passer par le col C. La première méthode permettrait, si l'on consentait à allonger suffisamment le chemin, d'obtenir un tracé ne comportant que de faibles élévations. La seconde, au contraire, nous oblige à monter jusqu'à l'altitude du col C, qui est comprise entre 200^m et 210^m. Mais, elle nous permet néanmoins, avec un tracé aussi court que possible, d'éviter toute pente supérieure à 5 pour 100. C'est elle que nous allons adopter.

Si nous voulons obtenir l'élévation minimum, nous devons passer exactement par le col C. Pour effectuer notre tracé, nous allons, dès lors, partir de ce point et le joindre successivement aux points A et B.

Tant que nous sommes dans les régions de forte pente, il faut donner à la route sa pente maximum de 5 pour 100. La distance horizontale entre les points de rencontre avec deux lignes de niveau consécutives doit être de 200^m, c'est-à-dire de 1^{cm}, en tenant compte de l'échelle. En procédant comme il a été expliqué au n° 96, on obtient successivement les points e, d, c, b, a, que l'on joint par un trait continu, en arrondissant l'arc cb, afin de contourner la ligne de niveau de cote 170.

Pour joindre C à B, on obtient d'abord le morceau de route $Cfgh$. Si l'on joint ensuite hB par une ligne droite, on obtient un chemin dont la pente est partout inférieure à 5 pour 100, sauf entre les cotes 170 et 160. On y remédie en donnant une légère déviation vers l'Ouest, et l'on obtient finalement le dernier tronçon $hijB$.

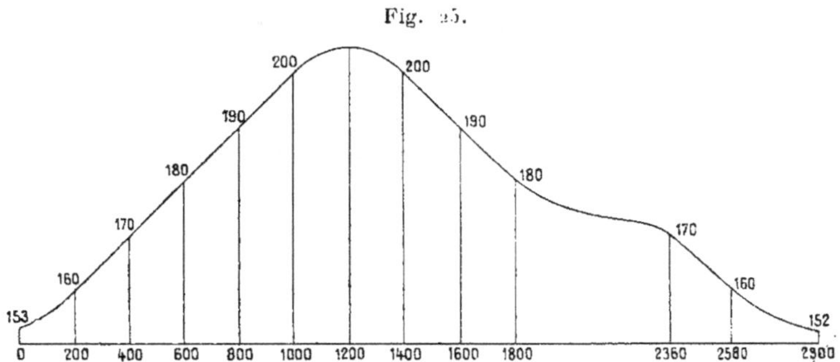

Fig. 25.

Sur la figure 25, on a tracé le profil de la route, en portant en abscisse la distance parcourue horizontalement (mesurée au curvimètre) et en ordonnée l'altitude au-dessus de la cote 150, évaluée à l'échelle de $\frac{1}{1000}$.

Le chemin joignant A au sommet S a, sur tout son parcours. la pente maximum de 5 pour 100, sauf tout à fait à la fin, entre h' et S.

3. *On considère, toujours sur la même carte, un observateur, dont l'œil est placé en o, à un mètre au dessus du sol. Déterminer les régions que voit cet observateur dans le secteur oXY.*

La méthode générale indiquée au nº **103** consiste à construire les profils de différentes sections par des plans verticaux passant par o et à mener, de ce point, les tangentes à ces profils. Sur la figure, on s'est contenté de reproduire le profil correspondant à la section oX. Ce profil a été construit en adoptant l'échelle de $\frac{1}{1000}$ pour les cotes et considérant la droite oX comme ayant la cote 200. On a marqué tous les points à cotes rondes, ainsi que le sommet de cote 222. Puis, on a joint tous ces points par un trait continu, dont la tangente au sommet est parallèle à oX. On a ensuite marqué le point O représentant l'œil de l'observateur, situé, par conséquent, à 1^{mm} au-dessus du sommet. De ce point, on peut, mener deux tangentes au profil. La première OT est très mal déterminée, à cause de la proximité de O et de la courbe. Elle rencontre celle-ci en un point T, qui se rappelle en t sur oX. La ligne comprise entre t et la projection horizontale du point de contact, projection qui est très voisine de o, est tout entière cachée. Quand on fait tourner le plan sécant, cette ligne balaie une région environnant o et que l'on a couverte de hachures. De même que la tangente OT, cette région est pratiquement très mal déterminée. Cela n'est d'ailleurs pas étonnant, car il suffit que l'observateur élève son œil de quelques décimètres pour la modifier complètement et apercevoir une partie beaucoup plus grande de la contre-pente. Cette circonstance même enlève la presque totalité de l'intérêt que peut présenter la construction de cette région et il nous importe peu, en définitive, que cette construction soit peu précise.

Occupons-nous maintenant des régions éloignées. Du point O, nous pouvons mener une deuxième tangente au profil oX, soit OUV. L'arc UV est caché; sa projection horizontale uv appartient donc à une région cachée. Pour délimiter cette région, nous avons construit les profils oD et oE. Le premier nous a donné le segment caché kl. Quant au second, il nous a donné un segment sensiblement réduit à un point, la tangente analogue à OUV devenant à peu près une tangente d'inflexion, ce qui amène la coïncidence des points tels que U et V. Il suit de là que la courbe limite de la région actuellement envisagée est pratiquement tangente à oE. Nous l'avons tracée approximativement au moyen d'une ligne de petites croix et nous avons mis des hachures dans la région cachée.

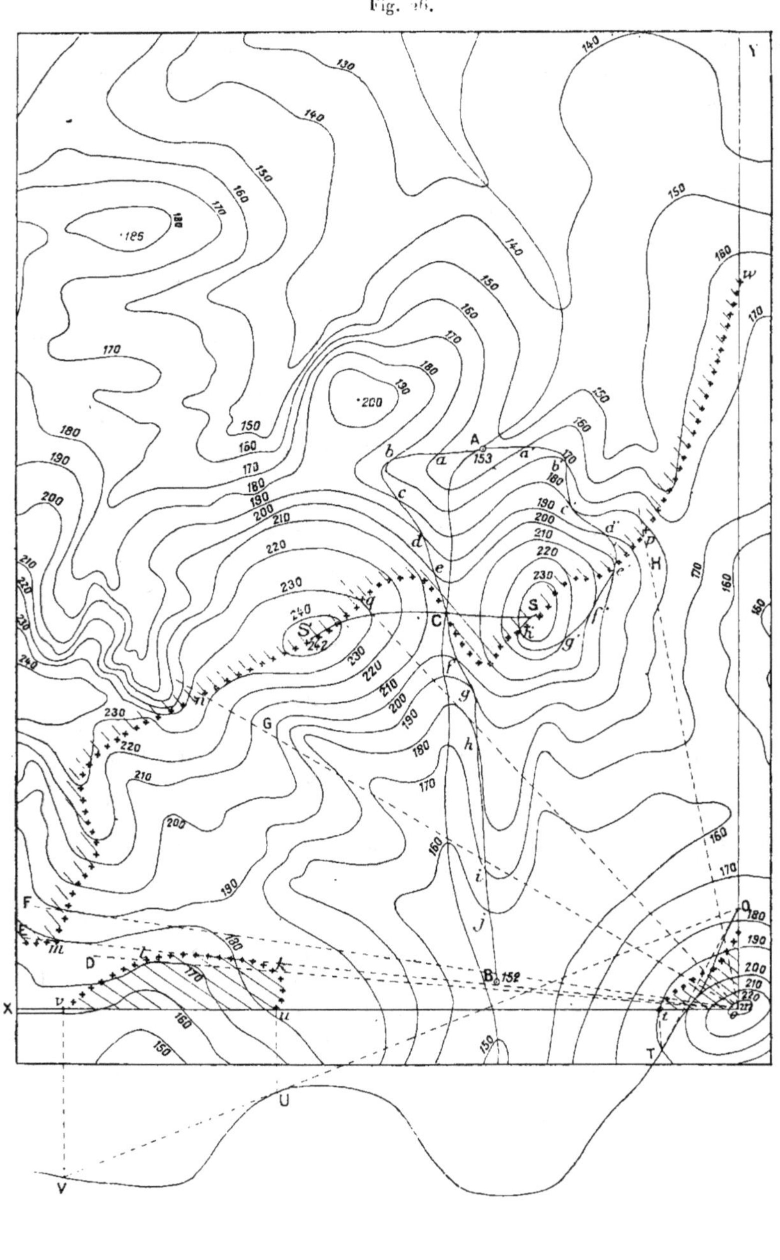

Fig. 26.

Si nous reprenons le profil oE, nous constatons qu'on peut lui mener une troisième tangente, dont le point de contact est projeté horizontalement en m. Cette tangente ne rencontre pas la surface topographique dans les limites de la carte. Donc, le segment de oE compris entre m et le bord Ouest de celle-ci est entièrement caché.

Si l'on fait tourner le plan sécant en le rapprochant de oY, le point m va décrire une ligne, qui délimitera une nouvelle région cachée. Nous avons construit les points n, p, w de cette ligne situés sur les profils oG, oH, oY. Pour aucun d'eux, la rencontre du rayon visuel tangent avec le sol ne se fait dans les limites de la carte.

On peut avoir, avec une approximation pratiquement suffisante et avec une très grande rapidité, un grand nombre de points de la courbe cherchée, en utilisant la remarque suivante. Considérons une ligne de niveau N, dont la cote z diffère peu de la cote 223 de l'œil de l'observateur. Menons la tangente oq à cette ligne. Si z était rigoureusement égal à 223, il est clair que le point de contact q appartiendrait à la courbe limite, puisque cette courbe est la courbe de contact du cône circonscrit, lequel cône comprend les tangentes à la section du terrain par le plan horizontal mené par o. Si z est un peu plus grand que 223, la tangente au profil oq est légèrement inclinée de q vers o et son point de contact se projette un peu en avant de q.

Si, au contraire, z est un peu plus petit que 223, ce point de contact se projette un peu en arrière de q. En définitive, dans les régions dont l'altitude est voisine de celle de l'observateur, la courbe passe un peu en avant des points de contact des tangentes menées par o aux lignes de niveau de cote supérieure à celle de l'observateur et un peu en arrière des points de contact des tangentes aux lignes de niveau de cote inférieure.

Cela nous a permis de tracer sans aucune peine toute la partie de la courbe située dans le secteur FoH. En particulier, nous avons dû passer un peu en avant des sommets S et S′ et un peu en arrière du col C. Nous avons enfin raccordé au sentiment les points p et w.

Nous nous sommes assurés, par la construction de quelques profils dans la région postérieure à la courbe de contact, qu'aucun rayon visuel tangent ne pouvait percer cette région, qui est, par suite, entièrement cachée. Nous n'avons fait qu'amorcer les hachures qui devraient la recouvrir, afin de ne pas trop brouiller la carte.

EXERCICES PROPOSÉS.

1. Un observateur est placé en un point donné, à une altitude donnée. Il fait un tour d'horizon, en donnant à sa lunette une inclinaison cons-

tante. Construire la ligne des points vus. (On pourrait couper par des plans verticaux. Mais, il est plus rapide de couper par des plans horizontaux. On est ramené à prendre l'intersection des lignes de niveau avec des cercles.)

2. Un canon est placé en un point donné. On le pointe successivement dans tous les azimuts. mais en lui donnant toujours la même inclinaison. Construire la ligne des points de chute. (Cette ligne est ce que les artilleurs appellent une *courbe d'égale hausse*. Pour la construire, il faut connaître la queue de la trajectoire. Le plus simple est alors de couper par des plans horizontaux. comme dans l'exercice précédent.)

3. Pour échapper à la vue de l'ennemi, un canon se défile derrière une croupe. Déterminer, pour chaque azimut. l'angle de tir minimum et en déduire la ligne en deçà de laquelle il est impossible de tirer. (*Problème du masque.*)

4. Un canon a pour objectif de battre un secteur déterminé. Construire les zones de ce secteur qui sont *en angle mort*, c'est-à-dire qui ne peuvent être atteintes par aucune trajectoire, par suite de la contrepente. (Ce problème est analogue au problème résolu n° 3 et se résout de la même manière, en remplaçant les rayons visuels par les trajectoires. Il est commode d'avoir un abaque tracé sur papier transparent et reproduisant les queues de trajectoires à l'échelle que l'on veut adopter pour la construction des profils. On superpose cet abaque sur chacun de ceux-ci, en plaçant l'origine des trajectoires à l'emplacement du canon et l'on voit quelles sont les trajectoires qui sont tangentes au profil. On marque, pour chacune d'elles. le point de contact et le point de rencontre avec le sol. La partie du profil qui se trouve entre ces deux points est en angle mort.)

CHAPITRE IX.

EXERCICES RÉSOLUS.

On donne un cube dont l'arête a 1^m de long. Une de ses faces repose sur le géométral. Le sommet A le plus en avant a pour largeur et pour éloignement 20^{cm} et 30^{cm}. Le côté AB, qui va vers le sommet le plus à droite, a pour coefficient angulaire 2.

Un cylindre de révolution, de 1^m50 de haut, a pour base inférieure un cercle tracé dans la face supérieure du cube, concentrique à cette face et de 40^{cm} de diamètre.

Enfin, dans la face verticale ADD'A' du cube, on a tracé un demi-cercle, ayant pour centre le milieu de AD et pour diamètre 50^{cm}. Mettre cette figure en perspective, à l'échelle de $\frac{1}{15}$, en supposant que le point de vue a pour largeur, éloignement et hauteur : 0, 150^{cm} et 155^{cm} (fig. 27).

Perspective de la face ABCD. — Traçons la ligne de terre LT, en marquant le point L, origine des largeurs. La ligne d'horizon est HH', à $103^{mm}\frac{1}{3}$ au-dessus de LT. Le point de fuite principal F se trouve sur la verticale de L.

Commençons par construire la perspective de A. La perpendiculaire au tableau menée par ce point rencontre la ligne de terre au point a, tel que $La = 20^{cm}$, soit $13^{mm}\frac{1}{3}$, à l'échelle du dessin. En joignant Fa, nous avons la perspective de cette perpendiculaire. Considérons maintenant la trace a_1 de AB; elle se trouve à gauche de a, à une distance de ce point égale à 15^{cm} ou 10^{mm}, à l'échelle. D'autre part, le point de fuite f de AB se trouve sur la ligne d'horizon, à 75^{cm}, ou 50^{mm} à l'échelle, à droite de F. En joignant fa_1, nous avons la perspective de AB. En prenant le point de rencontre A de Fa et de fa_1, nous avons la perspective du sommet A.

Pour trouver la perspective de B, utilisons sa projection orthogonale b sur le tableau. Nous construisons ce point b en menant par a une droite de coefficient angulaire 2, portant $a\mathrm{B}_1 = 1^\mathrm{m}$ ($66^{\mathrm{mm}}\frac{2}{3}$ à l'échelle) et projetant B_1 en b sur LT. Joignant ensuite Fb, nous avons B. à la rencontre avec fa_1.

Construisons. de même, D. Le point d est à une distance de a égale à $b\mathrm{B}_1$. Quant au point de fuite de AD, il se trouve. sur HH', à une distance à gauche de F égale à 2 fois la distance principale. c'est-à-dire 4 fois Ff. Il est en dehors des limites du dessin. Pour le joindre à A. nous avons fait une homothétie, de centre A. amenant. par exemple, f en B. Menant Beh parallèle à HH', portant $eh = 4e$B et joignant Ah, nous avons la perspective de AD. Nous en déduisons D, par la rencontre avec Fd.

Le sommet C se trouve enfin à l'intersection de fD et de Fc. le point c étant à une distance de b égale à ad.

Perspective de A'B'C'D'. — Il suffit de porter la face précédente à la hauteur 1^m. Pour A'. nous menons la verticale aa' égale à $66^{\mathrm{mm}}\frac{2}{3}$ et nous joignons Fa': A' est à la rencontre de cette droite avec la verticale de A.

Joignant A'f et prenant son intersection avec la verticale de B, nous avons B'. Nous construisons ensuite C', en utilisant la diagonale A'C', dont le point de fuite g est à l'intersection de HH' avec AC. Enfin. nous avons D', en joignant fC'.

Perspective de la base du cylindre. — C'est évidemment une ellipse. car le cercle de l'espace ne rencontre pas le plan neutre ($cf.$ Exercice proposé n° 8). Il est facile d'en construire quatre points. avec leurs tangentes. Ce sont les points de contact des tangentes parallèles aux arêtes du cube. Les tangentes parallèles à A'D', par exemple, rencontrent A'B' aux points j et k. qui divisent A'B' dans le rapport $\frac{3}{10}$. Construisons ces points et. en même temps, le point milieu i, en appliquant la méthode indiquée au n° **106**. Menons, par A', une parallèle à HH' et portons-y les longueurs A'j', A'i', A'k', A'b' respectivement égales à 3. 5, 7, 10, avec une unité de longueur quelconque. Joignons b'B', jusqu'à sa rencontre en m avec HH'. Les droites mj'. mi'. mk' rencontrent A'B', aux points j. i. k cherchés. Prenons maintenant le point de rencontre I des diagonales A'C', B'D'. La droite kI rencontre C'D' en l; la droite jl est une des tangentes parallèles à A'D'. Son point de contact L se trouve sur fI.

Nous n'avons pas construit l'autre tangente parallèle à A'D', parce que son point de contact est caché et ne doit pas être reproduit sur le dessin.

La tangente jl rencontre A'C' en un point J, qui, joint à f. donne la perspective d'une tangente parallèle à A'B'. Son point de contact K se trouve sur iI. Celui de l'autre tangente parallèle à A'B' est caché.

Cherchons maintenant les points situés sur le *contour apparent du cylindre*. Il s'agit, bien entendu, du contour apparent pour le point de vue, c'est-à-dire des génératrices de contact des plans tangents au cylindre menés par ce point.

Pour construire ces plans tangents, nous appliquons la méthode générale du n° 22; mais, pour simplifier un peu les constructions, nous imaginons qu'on a pris la base du cylindre dans le plan horizontal qui passe par le point de vue. Nous devons mener, par ce point, des tangentes à cette base. A cet effet, rabattons le plan sur le tableau, la charnière étant, par conséquent, HH'.

La perpendiculaire au tableau menée par le centre du cercle a la même largeur que la perpendiculaire à LT menée par le centre du carré ABCD, lequel centre est obtenu par l'intersection des diagonales. En joignant ce point à F, on a, en u, sa projection orthogonale sur LT; la largeur cherchée est donc $\overline{Lu}$. On en déduit le rabattement de la perpendiculaire au tableau passant par le centre du cercle, en menant la verticale du point u.

Pour avoir le rabattement M de ce centre, on pourrait remarquer qu'il se trouve sur la droite joignant sa perspective (laquelle est à l'intersection de HH' avec la verticale de I) au rabattement O du point de vue ($FO = 1^m,50$, soit 100^{mm}), car ce rabattement peut être considéré comme étant le point de fuite de la droite qui, dans l'espace, joint la position initiale du point M à son rabattement. (Ce point de fuite est quelquefois appelé le *point de fuite de la corde de l'arc*, parce que la droite dont nous venons de faire mention est la corde de l'arc décrit par M pendant son rabattement.) Mais cette droite est trop peu inclinée sur la verticale et donnerait une détermination trop peu précise de M. C'est pourquoi nous avons préféré utiliser l'éloignement de ce dernier point. Cet éloignement est le même que celui du milieu de BD; il est égal à l'éloignement de A augmenté de la demi-somme des deux longueurs bB_1 et ab. En le portant sur la verticale du point u, à partir de HH', on obtient le point M.

Nous décrivons maintenant le cercle de centre M et de rayon 20 ($13^{mm}\frac{1}{3}$, à l'échelle). Puis, nous menons les tangentes à ce cercle par le point O, rabattement du point de vue. Ces tangentes ON et OP rencontrent HH' aux points n et p, qui appartiennent à la perspective des génératrices de contour apparent du cylindre. (Les perspectives de ces génératrices sont la trace des plans tangents précédents sur le plan du tableau.) En menant des verticales par n et p, on a le contour apparent.

Cherchons le point de contact q de la génératrice nq avec la base inférieure. A cet effet, nous allons construire la perspective de la perpendiculaire au tableau menée par ce point. Le pied Q de cette perpendicu-

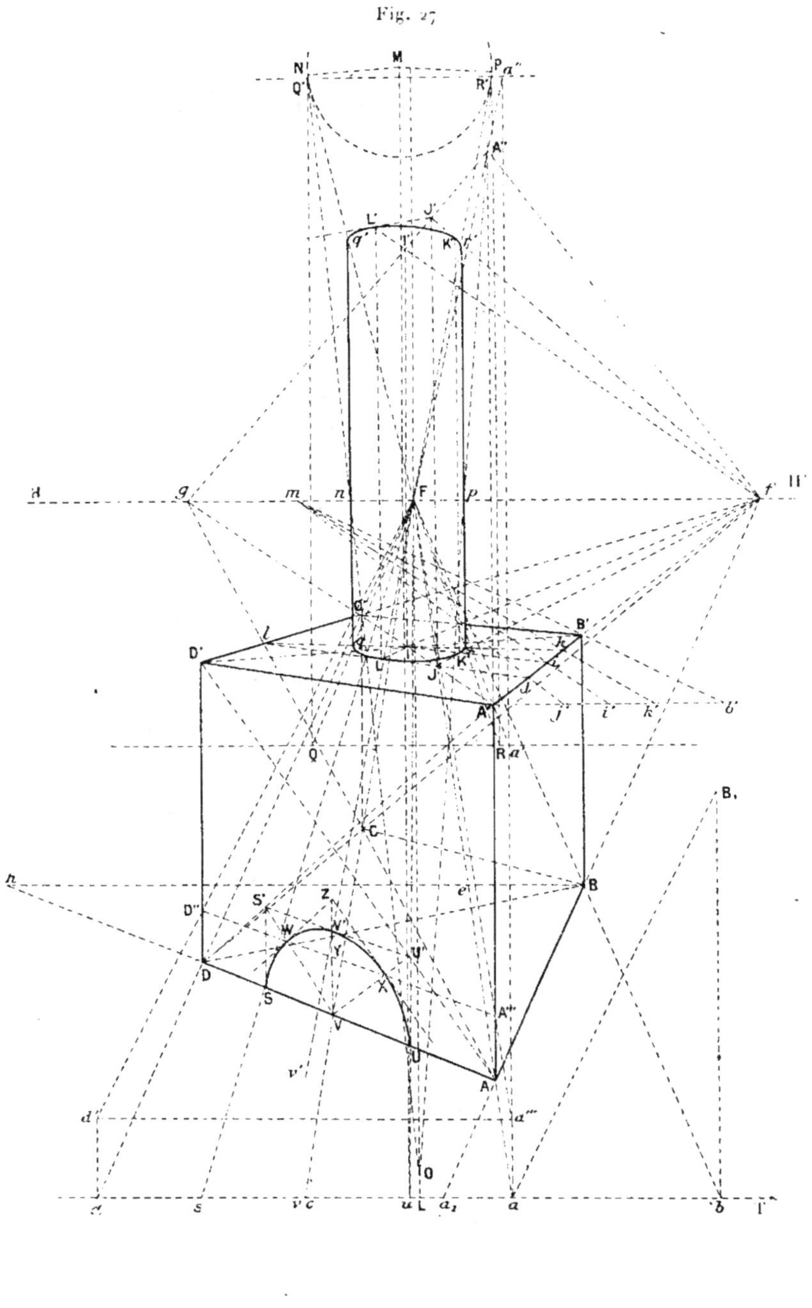

Fig. 27

laire se trouve sur la verticale du point de contact N. Sa hauteur est de 1^m au-dessus de LT, c'est-à-dire la même que celle de a'. Il se trouve donc sur la parallèle à LT menée par a'. En joignant FQ, nous avons la perpendiculaire cherchée. Elle rencontre la verticale nq au point de contact q.

On construit de la même manière le point de contact q' avec la base supérieure, en utilisant le point Q', dont la hauteur au-dessus de Q est de $1^m,50$, soit 100^{mm}, à l'échelle, ainsi que les points de contact r et r' de l'autre génératrice de contour apparent.

Les points L, K, q, r avec leurs tangentes suffisent pratiquement pour tracer la demi-ellipse qui constitue la perspective de la partie vue de la base inférieure du cylindre.

Quant à la base supérieure, nous en connaissons déjà deux points : q' et r', avec leurs tangentes. Nous avons construit les points L' et K' en effectuant leur mise en hauteur à partir des points L et K. A cet effet, nous avons d'abord construit le point A″, de hauteur $2^m,50$ (a'' est sur la droite $Q'R'$). La droite $g\,V''$ passe par la perspective I' du centre de la base supérieure, qui se trouve aussi sur la verticale de I. Joignant fI' et prenant son intersection avec la verticale de L, nous obtenons L'. Le point J' se trouve d'autre part à la rencontre de gA'' avec la verticale de J; $J'L'$ est la tangente en L'. Enfin, la verticale de K rencontre en K' la droite fJ', qui est la tangente en ce point. Nous pouvons maintenant tracer la demi-ellipse $q'L'K'r'$.

Perspective du demi-cercle de la face ADD′A′. — Cette perspective est une demi-ellipse. Ses extrémités S et U et son centre V sont les points situés aux $\frac{3}{4}$, au $\frac{1}{4}$ et au milieu de AD. On les construit, en utilisant leurs projections orthogonales s, u, v sur LT, lesquelles sont situées respectivement aux $\frac{3}{4}$, au $\frac{1}{4}$ et au milieu de ad. (Il se trouve accidentellement que v coïncide en pratique avec c et u avec la projection du centre de ABCD.) Les droites Fs, Fu, Fv rencontrent AD aux points S, U, V cherchés. (On aurait pu aussi construire V en remarquant que la verticale de ce point doit passer par le point de rencontre de AD′ et de DA′. On aurait pu ensuite construire S en remarquant que la verticale de ce point passe par le point de rencontre de D′V avec la droite joignant les milieux de AA′ et de DD′. Une construction analogue aurait donné U.) Les tangentes en S et U sont verticales. Elles rencontrent DA′ en S′ et AD′ en U′; la droite U′S′ est la tangente au point V′ le plus haut du cercle.

Nous avons encore construit les points W et X, extrémités des rayons du cercle inclinés à $45°$ sur le géométral. Pour cela, nous avons fait la mise en hauteur de la droite D″WXA‴, au moyen des points D″

et A$''\left(dd' = aa'' = \dfrac{2,5}{\sqrt{2}}, \text{ soit } \dfrac{aB_1}{4\sqrt{2}}, \text{ à l'échelle}\right)$. Cette droite rencontre VS$'$ et VU$'$ aux points W et X. Les tangentes en ces points passent par le point Z symétrique de V par rapport au point Y où WX rencontre VV$'$.

Nous avons maintenant 5 points et leurs tangentes; cela suffit pour tracer la demi-ellipse.

Ponctuation. — Dans un dessin en perspective, l'usage n'est pas, comme en Géométrie descriptive, de ponctuer les lignes cachées. On ne les trace pas. C'est pourquoi nous avons seulement marqué comme lignes de construction les arêtes CB, CD, CC$'$ du cube, ainsi que les portions des arêtes C$'$B$'$ et C$'$D$'$ qui sont cachées par le cylindre. De même, nous n'avons tracé que les demi-ellipses représentant les arcs vus des deux bases de celui-ci.

EXERCICES PROPOSÉS.

1. On donne la perspective d'une droite par son point de fuite et un point quelconque. Marquer, sur la droite, à partir de ce dernier point, une série de points équidistants. (*Cf.* n° 106, problème I.)

2. On donne, sur la perspective d'une droite, le point de fuite f et trois points a, b, a'. Construire le point b' tel que, dans l'espace, A$'$B$'$ se déduise de AB par une translation. (*Cf.* n° 106, problème I. On choisit arbitrairement aB, en dehors de la droite ab. On mène Bb et la parallèle à aB par f. On prend l'intersection P de ces deux droites. On joint Pa' jusqu'à sa rencontre A$'$ avec aB. On porte $\overline{A'B'} = \overrightarrow{a\text{B}}$; PB$'$ rencontre ab au point b'.)

3. On donne, sur la perspective d'une droite, un segment ab, dont la longueur dans l'espace est l'unité. Porter, sur cette droite, à partir d'un point donné c, une longueur donnée. (*Cf.* exercice précédent.)

4. On donne les points de fuite du problème II du n° 106. Construire les bissectrices d'un angle donné. (Si h et h' sont les points de fuite de cet angle, il suffit de mener les bissectrices de hPh'.)

5. En supposant toujours les mêmes données, construire la symétrique d'une droite par rapport à une autre droite.

6. On donne toujours les mêmes points de fuite. On donne, en outre, trois points a, b, c du plan. Construire la perspective du centre du cercle ABC, ainsi que les perspectives des points diamétralement opposés

à A, B, C et des tangentes en tous ces points. (Mener les perpendiculaires au milieu des côtés, pour construire le centre. Pour les tangentes, mener les perpendiculaires aux rayons.)

7. On donne la perspective d'un triangle équilatéral ABC et la ligne de fuite du plan. Construire la perspective du centre et celle d'un autre triangle égal et concentrique au proposé. [Le centre s'obtient par les médianes, lesquelles donnent aussi, avec les côtés, trois couples de droites rectangulaires, d'où l'on peut déduire le point P du n° 106. Pour construire le deuxième triangle, prendre un point quelconque A′ sur le cercle ABC (n° 106, problème III); tracer les deux droites faisant 30° avec le diamètre qui passe par ce point et prendre les seconds points de rencontre de ces droites avec le cercle.]

8. Comment trouve-t-on le genre et les directions asymptotiques de la perspective d'une conique donnée de l'espace? Quelle est la condition pour que cette perspective soit une parabole ou une hyperbole équilatère? (Intersection de la conique avec le *plan neutre*, ou plan parallèle au tableau mené par le point de vue.)

9. Une quadrique admet le point de vue comme ombilic, le plan tangent en ce point étant le plan neutre. Démontrer que toute section plane de cette quadrique a une perspective circulaire. Quel est l'axe radical des perspectives des sections faites par deux plans parallèles?

10. Construire le centre de la perspective d'une conique donnée de l'espace. (Perspective du pôle de l'intersection du plan neutre avec le plan de la conique.)

11. On donne les points de fuite a, b, c des arêtes d'un trièdre trirectangle, ainsi que le point de fuite p et la ligne de fuite D d'une droite et d'un plan perpendiculaires. Construire le point de fuite $p′$ des perpendiculaires à un autre plan dont on donne la ligne de fuite D′. (La perspective du cercle imaginaire de l'infini est une conique S conjuguée par rapport au triangle abc et admettant p et D pour pôle et polaire. Elle est entièrement déterminée et il faut construire le pôle de D′ par rapport à cette conique. Soit $a′$ le point de rencontre de D′ avec bc; la polaire de ce point passe par a et par le point homologue de $a′$ dans l'involution dont deux couples de points homologues sont b, c et les points de rencontre de bc avec D et pa. On peut donc construire cette polaire, ainsi que les polaires des points $b′$ et $c′$ analogues à $a′$. Ces trois polaires concourent au pôle cherché.)

12. On donne, dans le géométral, un carré ABCD, de 2^m de côté et dont le sommet A le plus en avant a pour largeur et éloignement 30^{cm}. Le côté AB qui va vers le sommet le plus à droite a pour coefficient angulaire $\frac{3}{2}$. Un hexagone régulier concentrique au carré a une diagonale parallèle à AD et de longueur égale à 20^{cm}. Le carré est recouvert d'une mosaïque formée par la juxtaposition d'hexagones égaux dont l'un est l'hexagone ci-dessus. Faire la perspective de cette mosaïque, en supposant que le point de vue a pour largeur o, pour éloignement 2^m et pour hauteur $1^m,60$. Prendre pour échelle $\frac{1}{10}$.

13. Un escalier est composé de 5 marches parallèles ayant chacune $1^m,20$ de largeur, $0^m,35$ de profondeur et $0^m,20$ de hauteur. On suppose que la première marche repose sur le géométral ; elle fait $35°$ avec la ligne de terre et son extrémité de droite a pour largeur $0^m,65$ et pour éloignement $0^m,10$. Faire la perspective de cet escalier, à l'échelle de $\frac{1}{10}$. en donnant au point de vue les mêmes coordonnées que dans l'exercice précédent.

14. Un cylindre de révolution à axe vertical, de $0^m,80$ de rayon et de 3^m de haut repose par sa base inférieure sur le géométral, le centre de cette base ayant pour largeur o et pour éloignement $1^m,50$. Il traverse un prisme droit à base carrée et horizontale, de $0^m,40$ de haut et de $2^m,20$ de côté. Le centre de ce prisme se trouve au milieu de la hauteur du cylindre ; de plus, une de ses faces fait $30°$ avec le tableau. Mettre l'ensemble de ces deux solides en perspective, en supposant que le point de vue a pour largeur o, pour éloignement 2^m et pour hauteur $1^m,50$. Echelle : $\frac{1}{10}$.

15. Faire la perspective d'un tétraèdre régulier, de 2^m d'arête, dont une face est horizontale, dont le centre a pour largeur $0^m,20$, pour éloignement $1^m,60$ et pour hauteur 1^m et dont le sommet le plus en avant a pour largeur $0^m,40$. On prendra le même point de vue et la même échelle que dans l'exercice précédent.

CHAPITRE X.

EXERCICES PROPOSÉS [1].

1. Dans un trièdre, on donne la face c, le dièdre A et l'angle que fait l'arête SC avec la face opposée. Construire ce trièdre. (On est ramené à prendre l'intersection d'un plan et d'un cône de révolution.)

2. Résoudre le trièdre précédent, en supposant qu'on donne la face a au lieu du dièdre A. (Intersection de deux cônes.)

3. Le plan bissecteur du dièdre SA coupe la face opposée suivant SA'. Résoudre le trièdre, connaissant l'angle ASA', le dièdre A et la face b. (La construction du dièdre SAA' rentre dans le deuxième cas.)

4. Résoudre le trièdre précédent, connaissant l'angle ASA' et les dièdres A et B. (Rentre dans le cinquième cas.)

5. Construire un tétraèdre ABCD, connaissant les longueurs des arêtes AB, BC, CA et les dièdres qui les admettent pour arêtes.

6. Construire le tétraèdre ABCD, connaissant les arêtes AB, BC, CA et les hauteurs issues des sommets A, B, C. (Se ramène à l'exercice précédent, car, des hauteurs, on peut déduire les dièdres.)

7. Construire le tétraèdre ABCD, connaissant la face ABC et sachant que le trièdre de sommet D est trirectangle. (Intersection de trois sphères.)

8. Construire un tétraèdre connaissant les longueurs de ses six arêtes.

---

[1] Nous ne donnons pas d'exercices résolus, les questions traitées dans le cours en tenant suffisamment lieu.

9. Construire le tétraèdre ABCD, connaissant les dièdres AB, AC, et les longueurs AB, BC, CA, BD.

10. Construire le tétraèdre ABCD, connaissant les mêmes éléments que dans l'exercice précédent, sauf que la longueur BD est remplacée par l'angle ABD.

11. Même question en remplaçant la longueur BD par l'angle ADB.

12. Construire le tétraèdre ABCD, connaissant la face ABC, les angles BAD, CAD et le volume du tétraèdre.

13. On donne un tétraèdre par sa face ABC dans le plan horizontal et par la projection horizontale et la cote du sommet D. Construire le centre de la sphère circonscrite.

14. Les données étant les mêmes que précédemment, construire le centre de la sphère inscrite. (La construction du tétraèdre qui admet pour sommet ce centre et pour base ABC se ramène à l'Exercice n° 5. On peut aussi appliquer la méthode de *Hermary*, qui consiste à rabattre le sommet D sur la face ABC successivement autour des trois côtés de cette face, vers l'intérieur du triangle. Les points de contact de la sphère inscrite avec les faces de sommet D se rabattent sur la projection horizontale du centre cherché, laquelle projection est à égale distance des trois rabattements de D.)

TRIGONOMÉTRIE

CHAPITRE I.

PROPRIÉTÉS GÉNÉRALES DES FONCTIONS CIRCULAIRES.

EXERCICES RÉSOLUS.

1. *Quelle relation doit exister entre les trois nombres* a, b, c *pour que l'on ait*

$$(1) \qquad \operatorname{arc\,tang} a + \operatorname{arc\,tang} b + \operatorname{arc\,tang} c = \frac{\pi}{4} \cdot$$

Appelons x, y, z les arcs du premier membre. On doit avoir

$$\operatorname{tang}(x + y + z) = 1$$

ou (n° **126**)

$$\frac{S_1 - S_3}{1 - S_2} = 1,$$

$$(2) \qquad S_1 + S_2 - S_3 - 1 = 0,$$

en appelant S_1, S_2, S_3 les fonctions symétriques élémentaires de a, b, c.

Cette condition est nécessaire; mais, on n'est pas toujours certain qu'elle est suffisante. Quand elle est remplie, on peut seulement affirmer que la somme $S = x + y + z$ est égale à $\frac{\pi}{4} + k\pi$. Comme x, y, z sont chacun compris entre $-\frac{\pi}{2}$ et $+\frac{\pi}{2}$, S est compris entre $-\frac{3\pi}{2}$ et $+\frac{3\pi}{2}$ et le nombre entier k ne peut être égal qu'à 0, ou 1 ou -1; autrement dit. S est égal à $\frac{\pi}{4}$, $\frac{5\pi}{4}$ ou $-\frac{3\pi}{4} \cdot$

Voyons comment on pourra reconnaître dans quel cas l'on se trouve.

Pour que S soit égal à $\frac{5\pi}{4}$, il faut que les trois nombres a, b, c soient tous plus grands que 1, car, la somme de deux quelconques des arcs x, y, z ne pouvant atteindre π, le troisième arc doit nécessairement dépasser $\frac{\pi}{4}$. Cette condition nécessaire est évidemment suffisante, car, si elle est remplie, chacun des arcs dépasse $\frac{\pi}{4}$ et S ne saurait être égal à $\frac{\pi}{4}$, ni à $-\frac{3\pi}{4}$.

Pour que $S = -\frac{3\pi}{4}$, il faut que deux au moins des nombres a, b, c soient négatifs, l'un d'eux au moins étant inférieur à -1. En effet, si a et b, par exemple, étaient positifs, il en serait de même de x et de y, donc de $x+y$; comme z ne peut être inférieur à $-\frac{\pi}{2}$, S ne pourrait atteindre $-\frac{3\pi}{4}$. D'autre part, si a, b, c étaient tous supérieurs à -1, x, y, z seraient chacun plus grand que $-\frac{\pi}{4}$ et S dépasserait $-\frac{3\pi}{4}$.

Cette condition nécessaire est aussi suffisante. En effet, supposons, par exemple, $a < -1$ et $b < 0$. La somme $x+y$ est $< -\frac{\pi}{4}$; comme $z < \frac{\pi}{2}$, S est inférieure à $\frac{\pi}{4}$ et ne peut être qu'égale à $-\frac{3\pi}{4}$.

En résumé, les seuls cas où l'égalité (2) n'entraîne pas l'égalité (1) sont le cas où les trois nombres a, b, c sont > 1 $\left(S = \frac{3\pi}{4} \right)$ et le cas où deux au moins de ces nombres sont négatifs, l'un d'eux étant en outre < -1 $\left(S = -\frac{3\pi}{4} \right)$.

2. *Calculer* $\cos\frac{\pi}{5}$ *et* $\sin\frac{\pi}{5}$. — On peut y arriver en appliquant l'un quelconque des problèmes I, II, III. On peut indifféremment prendre $a = 0$ ou π, se donner le cosinus ou le sinus de cet angle et enfin prendre pour inconnue $\cos\frac{a}{5}$ ou $\sin\frac{a}{5}$. Pour voir quelle est la méthode la plus avantageuse, cherchons à prévoir le type d'équation auquel nous serons conduits, en écrivant *a priori* ses racines.

Au lieu d'employer les formules (2) et (3), comme nous l'avons fait au n° **128**, procédons géométriquement, en cherchant les extrémités des arcs $\frac{a}{5}$. Ces points sont toujours les sommets de deux pentagones réguliers convexes, dont chaque côté sous-tend l'arc $\frac{2\pi}{5}$. Ces deux pentagones sont symétriques l'un de l'autre par rapport à Ox ou à Oy, suivant que l'on s'est donné $\cos a$ ou $\sin a$. Enfin, l'un d'eux a pour sommet particulier le point A situé sur la partie positive de Ox, si l'on a pris $a = o$ ou le point diamétralement opposé A', si l'on a pris $a = \pi$ $\left(\text{car } \pi = \dfrac{\pi}{5} + \dfrac{4\pi}{5}\right)$. Dans tous les cas, chacun des deux polygones admet Ox pour axe de symétrie. Il y a donc avantage, pour avoir le plus petit nombre de racines, à les projeter sur Ox, puisque les projections des sommets se confondront deux à deux. Cela veut dire qu'il faut prendre $\cos\dfrac{a}{5}$ pour inconnue. En outre, on réduira encore le nombre des racines en s'arrangeant pour que les deux polygones soient symétriques l'un de l'autre par rapport à Ox, et, par conséquent, confondus; pour cela, on se donnera $\cos a$.

Dès lors, donnons-nous, par exemple, $\cos a = 1$ et prenons pour inconnue $x = \cos\dfrac{a}{5}$. Les deux polygones se confondent avec le pentagone régulier inscrit qui admet A pour l'un de ses sommets. Les racines de l'équation en x seront 1 (racine simple), $\cos\dfrac{2\pi}{5}$ (racine double) et $\cos\dfrac{4\pi}{5} = -\cos\dfrac{\pi}{5}$ (racine double). Quand nous nous serons débarrassés de la racine 1, il nous restera donc une équation du quatrième degré admettant deux racines doubles. Son premier membre sera un carré parfait et sa résolution se ramènera à la résolution d'une équation du second degré.

Faisons les calculs. Pour $m = 5$, la formule (32) du n° **127** s'écrit

$$\cos 5a = \cos^5 a - 10\cos^3 a \sin^2 a + 5\cos a \sin^4 a.$$

Remplaçons-y $\cos 5a$ par 1, $\cos a$ par x et $\sin^2 a$ par $1 - x^2$. Nous obtenons

$$x^5 - 10x^3(1 - x^2) + 5x(1 - x^2)^2 - 1 = 0.$$

Le facteur $x - 1$ est en évidence, si l'on rapproche le premier et le dernier terme. Supprimons-le : il vient

$$x^4 + x^3 + x^2 + x + 1 + 10x^3(1 + x) + 5x(x^2 - 1)(x + 1) = 0.$$

ou

$$16x^4 + 16x^3 - 4x^2 - 4x + 1 = 0,$$

ou enfin

$$(4x^2 - 2x - 1)^2 = 0.$$

Les racines du trinome du second degré sont $\dfrac{-1 \pm \sqrt{5}}{4}$. La racine positive est $\cos\dfrac{2\pi}{5}$ et la racine négative est $-\cos\dfrac{\pi}{5}$. Finalement, nous avons

$$\cos\frac{\pi}{5} = \frac{\sqrt{5} - 1}{4}.$$

Pour calculer $\sin \frac{\pi}{5}$, appliquons la formule (5) du n° **121** :

$$\sin^2 \frac{\pi}{5} = 1 - \frac{6 + 2\sqrt{5}}{16} = \frac{10 - 2\sqrt{5}}{16} = \frac{5 - \sqrt{5}}{8},$$

d'où

$$\sin \frac{\pi}{5} = \sqrt{\frac{5 - \sqrt{5}}{2\sqrt{2}}}.$$

EXERCICES PROPOSÉS.

1. Chercher des solutions simples de l'Exercice résolu n° 1, permettant de calculer π par un développement en série. (*Cf.* t. I, chap. VII, Exercice résolu n° 6.)

Il faut que a, b, c soient < 1, en valeur absolue, pour la convergence. On cherchera, par exemple, des solutions de la forme

$$a = \frac{1}{m}, \qquad b = \frac{1}{n}, \qquad c = \frac{m(n-1) - (n+1)}{m(n+1) + (n-1)},$$

m et n désignant des nombres entiers. On donnera à n des valeurs entières positives; puis, à chaque valeur de n ainsi choisie, on associera successivement les valeurs entières et positives de m, qui lui sont inférieures ou égales et l'on retiendra les combinaisons donnant une valeur simple pour c. On ne diminue pas la généralité des solutions en supposant m et n positifs, car, si a, b, c ont des valeurs absolues plus petites que 1, deux de ces nombres au moins doivent être positifs et l'on peut toujours supposer que ce sont les deux premiers.

Comme solutions simples, on trouvera, par exemple :

$$n = 2, \qquad m = 2, \qquad c = -\frac{1}{7};$$

$$n = 3, \qquad m = 3, \qquad c = \frac{1}{7};$$

$$n = 4, \qquad m = 3, \qquad c = \frac{2}{9}; \qquad n = 4, \qquad m = 2, \qquad c = \frac{1}{13};$$

$$n = 5, \qquad m = 3, \qquad c = \frac{3}{11}; \qquad n = 5, \qquad m = 2, \qquad c = \frac{1}{8}; \qquad \text{etc.}$$

2. Quelle relation doit-il exister entre les nombres a, b, c pour que l'on ait

$$\text{arc tang } a + \text{arc tang } b + \text{arc tang } c = \frac{\pi}{2} \text{ ou } \pi.$$

3. Établir, par récurrence, les formules (29), (30) et (31) du n° **126**. (On s'appuiera sur les formules de la note de la page 282 du Tome I.)

4. Quelle relation doit-il exister entre a et b pour que l'on ait

$$\text{arc tang}\, a + \text{arc tang}\, b = \frac{\pi}{4}.$$

Chercher les solutions simples pour lesquelles a et b sont < 1, en valeur absolue (*cf.* Exercice proposé n° **1**). On retrouvera, en particulier, la formule donnée dans l'Exercice résolu n° **6** du Chapitre VII du Tome I. $\left(\text{Résoudre la relation obtenue par rapport à } b\text{; puis, donner à } a \text{ des valeurs de la forme } \frac{1}{m}\cdot\right)$

5. Écrire les développements de $\cos(a+b+c)$ et de $\sin(a+b+c)$, sous forme entière.

6. Écrire, sous forme entière, les développements de $\cos 3a$, $\sin 3a$, $\cos 4a$, $\sin 4a$, $\cos 5a$, $\sin 5a$.

7. Démontrer que $\cos ma$ est toujours un polynome entier en $\cos a$. Dans quel cas est-ce aussi un polynome entier en $\sin a$? Dans quel cas $\sin ma$ est-il un polynome en $\sin a$? Peut-il être un polynome en $\cos a$?

8. Faire complètement la discussion des problèmes I à IV des n°ˢ **128** et **130**, d'abord par les formules (2), (3), (4) du n° **120**, puis par l'interprétation géométrique au moyen des polygones réguliers (*cf.* Exercice résolu n° **2**). Chercher, en particulier, les cas où il y a des racines doubles (cas où les polygones sont symétriques par rapport à Ox, Oy ou O).

9. Calculer $\text{tang}\,\dfrac{a}{3}$ connaissant $\text{tang}\,a$. En déduire une méthode de résolution de l'équation générale du troisième degré.

$\left(\text{On fait un changement de variable de la forme } x = my + n, \text{ de manière à pouvoir identifier l'équation en } y \text{ avec l'équation en } \text{tang}\,\dfrac{a}{3}\cdot\right)$

10. Démontrer que $\cos^2\dfrac{\pi}{7}$ est racine d'une équation du troisième degré à coefficients entiers. (É. P., 1922.)

11. Démontrer la formule

$$\text{tang}^2\,\frac{\pi}{12} + \text{tang}^2\,\frac{3\pi}{12} + \text{tang}^2\,\frac{5\pi}{12} = 15. \qquad (\text{É. P., 1912.})$$

(Partir de l'équation qui donne $\operatorname{tang}\frac{a}{12}$ connaissant $\operatorname{tang} a = 0$. On aboutit à une équation du cinquième degré en x^2, qui admet pour racines les termes de la somme ci-dessus et, en outre, $\frac{1}{3}$ et 3.)

12. Démontrer que si a, b, c sont les angles d'un triangle, on a

$$\begin{vmatrix} \operatorname{tang} a & 1 & 1 \\ 1 & \operatorname{tang} b & 1 \\ 1 & 1 & \operatorname{tang} c \end{vmatrix} = 2.$$

[Développer par la règle de Sarrus et se servir du développement de $\operatorname{tang}(a + b + c)$.]

13. Gardant l'hypothèse précédente, démontrer la relation

$$\cos^2 a + \cos^2 b + \cos^2 c + 2 \cos a \cos b \cos c = 1.$$

(On peut exprimer le premier membre en fonction linéaire de cosinus des angles $2b$, $2c$, $a + b - c$, $a - b + c$.)

14. Gardant toujours la même hypothèse, démontrer la relation

$$\begin{vmatrix} \cos a & \cos b & \cos c \\ \dfrac{1}{\cos a} & \dfrac{1}{\cos b} & \dfrac{1}{\cos c} \\ \dfrac{1}{\sin a} & \dfrac{1}{\sin b} & \dfrac{1}{\sin c} \end{vmatrix} = 0.$$

(Chasser les dénominateurs et exprimer tout en fonction des cosinus des angles $2a$, $2b$, $2c$.)

15. Gardant toujours la même hypothèse, démontrer la relation

$$\sin 2a + \sin 2b + \sin 2c = 2(\sin a + \sin b + \sin c)(\cos a + \cos b + \cos c - 1).$$

(É. P., 1912.)

16. Dans la théorie des équations réciproques, on doit exprimer $z_m = x^m + \frac{1}{x^m}$ en fonction de $y = x + \frac{1}{x}$ (t. I, n° 243). Montrer que, si l'on pose $y = 2\cos a$, on a $z_m = 2\cos ma$. En déduire l'expression de z_m en fonction de y.

17. Calculer les deux sommes

$$S = \cos a + \cos(a + h) + \cos(a + 2h) + \ldots + \cos(a + nh),$$
$$S' = \sin a + \sin(a + h) + \sin(a + 2h) + \ldots + \sin(a + nh).$$

(Multiplier chaque somme par $2 \sin \dfrac{h}{2}$ et transformer chaque produit en différence. *Cf.* t. I, chap. VII, Exercice résolu n° 7.)

18. Soient n et p deux nombres entiers quelconques et x un angle quelconque ; démontrer les identités

$$\cos x + \cos\left(x + \frac{2p\pi}{n}\right) + \cos\left(x + \frac{4p\pi}{n}\right) + \ldots + \cos\left[x + \frac{2(n-1)p\pi}{n}\right] = 0,$$

si $\dfrac{p}{n}$ n'est pas entier ;

$$\cos^2 x + \cos^2\left(x + \frac{2p\pi}{n}\right) + \cos^2\left(x + \frac{4p\pi}{n}\right) + \ldots$$
$$+ \cos^2\left[x + \frac{2(n-1)p\pi}{n}\right] = \frac{n}{2},$$

si $\dfrac{2p}{n}$ n'est pas entier.

[La seconde se ramène à la première, par la formule (58) du n° **132.** Quant à la première, on peut la déduire de l'exercice précédent. On peut aussi s'appuyer sur l'équation qui donne $\cos x$, connaissant $\cos nx$, en remarquant que la somme de ses racines est nulle. Cette somme est égale à la somme proposée, en vertu du théorème d'Arithmétique connu sous le nom de théorème de **Wilson,** dans le cas où p est premier avec n. Si p n'est pas premier avec n, il suffit de remplacer, dans la somme donnée, $\dfrac{p}{n}$ par la fraction irréductible égale. La somme se décompose alors en plusieurs sommes nulles séparément.]

19. Résoudre les équations suivantes :

$$\tan(x + a) + \tan(x - a) = \tan^2 x, \qquad \text{(É. P., 1911.)}$$
$$\sin^3 x + \cos^3 x = 1, \qquad\qquad \text{(É. P., 1911.)}$$
$$(1 + k)\,\frac{\cos x \cos(2x - a)}{\cos(x - a)} = 1 + k \cos 2x,$$
$$\sin\left(\frac{\pi}{4} + 3x\right) = m \sin\left(\frac{\pi}{4} - x\right).$$

[La première se transforme en

$$\sin 2x(\cos 2x - \cos 2a) = 0.$$

Pour la seconde, on peut prendre pour inconnue $x + \frac{\pi}{4} = y$: on aboutit à une équation du troisième degré en $\sin y$, qui admet une racine double. On peut aussi remarquer que si l'on fait passer le terme constant au premier membre, celui-ci est divisible par $(1 - \cos x)$; le quotient est ensuite divisible par $(1 - \sin x)$.

La troisième se transforme en

$$\sin(2x - a) = k \sin a.$$

Pour la quatrième, prendre $\frac{\pi}{4} - x = y$ pour inconnue.]

CHAPITRE II.

EXERCICES RÉSOLUS.

1. *Démontrer que, dans tout triangle, on a l'identité*

$$\left\| \begin{array}{ccc} \dfrac{1}{p-a} & \cos A & 1 \end{array} \right\| = 0.$$

Première démonstration. — En retranchant la troisième colonne de la seconde, cette égalité se ramène à la suivante

$$\left\| \begin{array}{ccc} \dfrac{1}{p-a} & \cos^2 \dfrac{A}{2} & 1 \end{array} \right\| = 0.$$

Remplaçons-y $\cos^2 \dfrac{A}{2}$ par $\dfrac{p\,(p-a)}{bc}$, en vertu de la formule (8) du n° **135** ; l'égalité devient, en chassant les dénominateurs.

$$\left\| \begin{array}{ccc} 1 & a(p-a)^2 & p-a \end{array} \right\| = 0.$$

Pour que ce déterminant soit nul, il faut et il suffit que l'on puisse déterminer l et m pour que l'on ait (t. 1, n° **293**)

$$(1) \qquad a(p-a)^2 + l(p-a) + m = 0$$

et les deux relations analogues en b et c. Or, si, dans cette relation, on regarde l, m, p comme donnés, on a une équation du troisième degré en a, dont les racines doivent être a, b, c. La somme de ces trois racines doit être égale à $2p$. Or, c'est bien ce qui a lieu, comme on le voit en calculant les deux premiers termes. Cette condition étant remplie, on peut toujours déterminer l et m de manière que le coefficient de a et le terme constant aient des valeurs données quelconques, c'est-à-dire de manière que l'équation (1) ait pour racines les côtés d'un triangle quelconque, de périmètre $2p$. C. Q. F. D.

Deuxième démonstration. — Considérons le cercle inscrit dans le triangle et soient A', B', C' les points de contact avec les côtés BC, CA, AB. On a

$$AB' + CA' + BA' = \frac{1}{2}(AB + BC + CA) = p;$$

or, $CA' + BA' = a$; donc,

$$AB' = p - a.$$

D'autre part, le triangle rectangle $IB'A$ donne

$$(2) \qquad r = (p - a)\,\tang \frac{A}{2};$$

d'où

$$\frac{1}{p - a} = \frac{1}{r}\,\tang \frac{A}{2}.$$

Portons cette formule et les deux formules analogues dans l'identité à démontrer; elle devient

$$\left\| \tang \frac{A}{2} \quad \cos A \quad 1 \right\| = 0,$$

ou, en développant suivant la première colonne,

$$\sum \tang \frac{A}{2}(\cos B - \cos C) = 0,$$

ou, en transformant $\cos B - \cos C$ en un produit et remarquant que $\sin \dfrac{B + C}{2} = \cos \dfrac{A}{2}$,

$$\sum \sin \frac{A}{2} \sin \frac{B - C}{2} = 0.$$

Or, le premier membre de cette égalité n'est autre que le développement suivant la première colonne du déterminant

$$\left\| \sin \frac{A}{2} \quad \sin \frac{A}{2} \quad \cos \frac{A}{2} \right\|,$$

qui est nul, comme ayant deux colonnes identiques.

2. *Résoudre un triangle, connaissant les trois hauteurs.* (É. P., 1911.)
Soient h, h', h'' les hauteurs respectivement opposées aux côtés a, b, c et soit S la surface du triangle. On a

$$(1) \qquad a = \frac{2S}{h}, \qquad b = \frac{2S}{h'}, \qquad c = \frac{2S}{h''},$$

$$(2) \qquad S^2 = p(p - a)(p - b)(p - c).$$

Nous avons quatre équations à quatre inconnues : a, b, c, S. Pour simplifier l'écriture, désignons par i, i', i'' les inverses des hauteurs et par $2q$ la somme de ces inverses. Nous avons

$$(3) \qquad p = 2Sq, \qquad p - a = 2S(q - i), \qquad p - b = 2S(q - i'),$$
$$p - c = 2S(q - i'')$$

Portant dans (2), il vient

$$(4) \qquad S^2 = \frac{1}{16 q (q - i)(q - i')(q - i'')}.$$

De (4), on tire S ; portant dans (3), on a ensuite p, a, b, c et l'on est ramené au premier cas (n° **135**).

Pour que le problème soit possible, il faut et il suffit que chacune des quantités i, i', i'' soit inférieure à la somme des deux autres, ce qui entraîne évidemment la réalité de la valeur de S donnée par (4).

EXERCICES PROPOSÉS.

1. Déduire des formules du premier groupe l'identité

$$\begin{vmatrix} -1 & \cos C & \cos B \\ \cos C & -1 & \cos A \\ \cos B & \cos A & -1 \end{vmatrix} = 0.$$

(En développant par la règle de Sarrus, on retrouve l'Exercice 13 du Chapitre I.)

2. Dans toute relation homogène entre les côtés d'un triangle, on peut remplacer a, b, c par $\sin A$, $\sin B$, $\sin C$. En appliquant ce principe, déduire des formules du deuxième groupe, l'Exercice 13 du Chapitre I. (Remplacer, dans cet exercice, A, B, C par $\pi - A$, $\frac{\pi}{2} - B$, $\frac{\pi}{2} - C$, si B et C sont aigus, et par A, $B - \frac{\pi}{2}$, $C + \frac{\pi}{2}$, si B est obtus.)

3. Simplifier la somme $\sum \dfrac{b + c}{p} \cos A.$ \hfill (E. P., 1911.)
(Utiliser le premier groupe.)

4. Démontrer les identités

$$(1) \qquad \sum \frac{\cos B - \cos C}{p - a} = 0;$$

$$(2) \qquad \sum (p - a)(b - c) \cos A = 0.$$

[Employer la formule (8) du n° 135, pour (1) et la formule (9), pour (2).]

5. Démontrer l'identité

$$b\left(\operatorname{tang}\frac{A}{2} - \operatorname{tang}\frac{B}{2}\right) + c\left(\operatorname{tang}\frac{A}{2} + \operatorname{tang}\frac{C}{2}\right) = \frac{2a}{\sin A}.$$

(Utiliser le principe de l'Exercice 2; puis, exprimer tout en fonction des demi-angles.)

6. Démontrer que si $B - C = \frac{\pi}{2}$, on a

$$\frac{2}{a^2} = \frac{1}{(b+c)^2} + \frac{1}{(b-c)^2}$$

(Même méthode que pour l'Exercice précédent.)

7. Démontrer que si les côtés d'un triangle sont en progression arithmétique, a étant le côté moyen, on a les identités

$$\operatorname{tang}\frac{B}{2}\operatorname{tang}\frac{C}{2} = \frac{1}{3}, \qquad \cot\frac{B}{2} + \cot\frac{C}{2} = 2\cot\frac{A}{2}.$$

(Partir de $b + c = 2a$.)

8. Résoudre les triangles ci-dessous :

$$
\begin{array}{llll}
(1) & a = 134,25; & b = 253,48; & c = 198,56;\\
(2) & b = 26,342; & c = 76,225; & A = 62^g,473;\\
(3) & a = 2534,8; & b = 3460,2; & A = 35^g,472;\\
(4) & a = 974,28; & b = 603,37; & A = 148^g,227;\\
(5) & a = 3,5892; & B = 46^g,138; & C = 118^g,793.
\end{array}
$$

9. Résoudre un triangle, connaissant :

1° Un côté et la médiane et la hauteur opposées à ce côté ;
2° Un côté, l'angle et la médiane opposés ;
3° Un angle et la hauteur et la médiane issues du sommet de cet angle.

10. Résoudre un triangle, connaissant les trois médianes. (E. P., 1923.)

11. Résoudre un triangle, connaissant un côté, l'angle et la bissectrice opposés. (Introduire les segments déterminés par la bissectrice sur le côté donné et écrire que leur somme est égale à ce côté.)

12. Résoudre un triangle connaissant les trois angles et le produit des trois hauteurs. (E. P., 1911.)

$$\Big[\text{Si P désigne le produit donné, on a}$$

$$8\,R^3 = \frac{P}{\sin^2 A \, \sin^2 B \, \sin^2 C} \cdot \Big]$$

13. Résoudre un triangle. connaissant A, a, $b + c$.   (E. P., 1911.)

14. Résoudre un triangle, connaissant un côté. la hauteur correspondante et le rayon du cercle inscrit.   (E. P., 1911.)

[En utilisant la formule (17) du n° 135. on trouve p, d'où $b + c$. La formule (2) de l'Exercice résolu n° 1 donne ensuite A. On est alors ramené à l'exercice précédent.]

15. Résoudre un triangle, connaissant a, b. et sachant que $B = 3A$.

$$\Big(\text{On a} : \sin 3A = \frac{b}{a} \sin A. \Big)$$

ERRATA DU TOME III (EXERCICES).

Page 92, ligne 9, *lire* 1115 *au lieu de* 115.
Page 93, dernière ligne, *lire* 100 *au lieu de* 600.
Page 94, ligne 20, *lire* 0,6 *au lieu de* 0,7.
Page 161, dernière ligne, *lire* $2^m,60$ *au lieu de* $3^m,20$.
Page 188, ligne 7 en remontant, *lire* 35 *au lieu de* 25.

TABLE DES MATIÈRES.

TRIGONOMÉTRIE.

FIN DE LA TABLE DES MATIÈRES DU TOME IV.

PARIS. — IMPRIMERIE GAUTHIER-VILLARS ET Cie

68465   Quai des Grands-Augustins, 55.